儿童保健专家的喂养指导

宝宝辅食
怎么吃

比"吃什么"更重要的是促进宝宝"吃"的能力

BAOBAO FUSHI ZENME CHI

翟 嘉◎编著

U0232578

山西出版传媒集团
山西科学技术出版社

图书在版编目（CIP）数据

宝宝辅食怎么吃/翟嘉编著．—太原：山西科学
技术出版社，2016.9
ISBN 978-7-5377-5406-4

Ⅰ．①宝…　Ⅱ．①翟…　Ⅲ．①婴幼儿—食谱
Ⅳ．① TS972.162

中国版本图书馆 CIP 数据核字（2016）第 212346 号

宝宝辅食怎么吃

出　版　人：赵建伟
编　　　著：翟　嘉
策　　　划：薛文毅
责 任 编 辑：李　华
责 任 发 行：阎文凯

出 版 发 行：山西出版传媒集团·山西科学技术出版社
　　　　　　地址：太原市建设南路 21 号　邮编：030012
编辑部电话：0351-4956033
发 行 电 话：0351-4922121
经　　　销：各地新华书店
印　　　刷：北京龙跃印务有限公司
网　　　址：www.sxkxjscbs.com
微　　　信：sxkjcbs

开　　　本：710mm×1000mm　1 / 16　　　印张：10
字　　　数：130 千字
版　　　次：2017 年 1 月第 1 版　　2017 年 1 月第 1 次印刷

书　　　号：ISBN 978-7-5377-5406-4
定　　　价：29.80 元

本社常年法律顾问：王葆柯
如发现印、装质量问题，影响阅读，请与发行部联系调换。

序言

宝宝来到这个世界上，一切都从零开始，其中学习吃的技能和习惯是宝宝最为重要的事情。尤其是当妈妈的奶水或配方奶粉无法满足宝宝的营养需求时，给宝宝添加辅食就显得非常重要了。

一提到辅食，大多数家长首先想到的是给宝宝"吃什么"，这是一种认识上的误区。其实，辅食添加中比"吃什么"更重要的是如何促进宝宝"吃"的能力。也就是说，家长应该更重视辅食应该"怎么吃"，将"吃"变成一种功能训练和心理引导，从而让孩子喜欢吃辅食，并且将吃辅食当作一种愉快的享受。

本书以"辅食应该怎么吃"为主线，结合宝宝生长发育的不同阶段，告诉新手爸妈如何解决喂养中所遇到的种种琐碎问题，达到科学喂养的最终目的。

当然，如何给宝宝亲手制作辅食也是辅食添加过程中要遇到的问题。鉴于此，书中在宝宝添加辅食的不同阶段，对应精选了一些宝宝必备食谱，这些食谱在食材选择上力求生活中随处可见，在制作方法上力求简单方便、容易上手；同时，书中配备了许多与之相关的精美图片，可以让您更加直观地学会每道辅食的制作方法。

最后，衷心希望本书能帮助家长解决育儿过程中遇到的问题，让每一位宝宝都能得到科学喂养，健康成长。

目 录
CONTENTS

妈妈需要了解的事情

第三章　　尝试添加辅食阶段：5～6个月

宝宝生长发育特征

宝宝的营养需求

本阶段喂养要点

目录

第四章   辅食添加第1阶段：6～7个月

宝宝生长发育特征

宝宝的营养需求

本阶段辅食添加要点

妈妈需要了解的事情

美味辅食做起来

第五章   辅食添加第2阶段：7～8个月

宝宝生长发育特征

宝宝的营养需求

本阶段辅食添加要点

目录

第六章　　辅食添加第2阶段：8～9个月

📍 **宝宝生长发育特征**

📍 **宝宝的营养需求**

📍 **本阶段辅食添加要点**

📍 **妈妈需要了解的事情**

📍 美味辅食做起来

第七章　　辅食添加第3阶段：9～10个月

📍 宝宝生长发育特征

📍 宝宝的营养需求

📍 本阶段辅食添加要点

📍 妈妈需要了解的事情

目录

📍 美味辅食做起来

第八章　　辅食添加第3阶段：10～11个月

📍 宝宝生长发育特征

📍 宝宝的营养需求

📍 本阶段辅食添加要点

📍 妈妈需要了解的事情

第九章　辅食添加第4阶段：11~12个月

📍 宝宝生长发育特征

📍 宝宝的营养需求

📍 本阶段辅食添加要点

📍 妈妈需要了解的事情

📍 美味辅食做起来

目录

第十章　辅食添加第4阶段：12～18个月

宝宝生长发育特征

宝宝的营养需求

本阶段辅食添加要点

妈妈需要了解的事情

美味辅食做起来

第一章 辅食添加
妈妈最关心的那些事儿

所谓辅食，从字面上理解就是主食之外起辅助作用的食物。具体来说，辅食是指除了母乳、婴幼儿配方奶以外的食物，包括液体食物和固体食物。比如，菜汁、果汁、烂粥、水果泥、鸡蛋羹、蔬菜泥等。

给宝宝添加辅食并不是一件容易的事，其中包含着许多学问和道理，新手妈妈只有把这些常识搞明白，才能将宝宝喂养得健康聪明。在这一章中，我们筛选一些新手妈妈最关注的话题，为大家解答宝宝添加辅食的种种疑惑。

宝宝添加辅食的好处

　　大多数新手妈妈都会认为，在一定月龄给宝宝适当添加辅食，是为了解决母乳或配方奶无法满足宝宝生长发育所需营养的问题，或者说，妈妈担心宝宝挨饿，添加辅食就是让宝宝吃饱。那么，给宝宝添加辅食真的就这么简单吗？事实绝非如此。在辅食的添加过程中，宝宝的眼、耳、口、鼻、舌等器官，视、听、嗅、味、触等感觉都会受到刺激，可以说，体验辅食就是宝宝探索世界的一种尝试。所以，适时地为宝宝添加辅食，很有益处。

好处一：补充全面的营养素

　　宝宝到了一定月龄后，其唾液淀粉酶和胃肠道消化酶的分泌明显增加，消化能力在不断增强，可以消化乳类以外的其他食物了。同时，宝宝自身对营养素的需求也在不断增加，母乳或配方奶已经无法完全满足其生长发育的需要了。所以，此时添加辅食可以补充母乳或配方奶中不足的营养素。

好处二：锻炼宝宝的咀嚼能力

对于成年人来说，咀嚼动作在无意识状态下就可以顺利完成，但是，对于宝宝来说，虽然这一动作是与生俱来的，依然需要不断地训练才能顺利实现。因为一个简单的咀嚼动作需要舌头、口腔、牙齿、面部肌肉的协调来共同完成，所以，只有对宝宝的口腔、咽喉等部位通过添加辅食这一过程，反复刺激和不断训练，才能使宝宝逐渐掌握咀嚼的能力。

而母乳或者配方奶是一种液体食物，宝宝如果一直吃母乳或配方奶，咀嚼功能就得不到锻炼，所以，适当地添加一些可以咀嚼的食物，锻炼宝宝的咀嚼能力，是在为将来宝宝吃饭打基础。

好处三：刺激宝宝的味觉发育

宝宝出生后就有味觉，不过，这种味觉只是一种简单的生理反射，具体表现为：当宝宝尝到甜味的食物时，就会显露出愉悦的神情；当尝到苦味的食物时，就会表现出抗拒的行为。这种表现在宝宝6个月时就会逐渐淡化。所以，6个月到2岁这个时间段是宝宝味觉发育的关键期。如果在这一阶段让宝宝品尝不同种类食物的味道，丰富其对不同滋味的感受，这样在以后的日子里，他（她）就不会对某种味道的食物表现出抗拒心理，而乐于接受各种味道的食物。

好处四：促进宝宝的肠道发育

宝贝吃的食物在经过口腔的咀嚼和胃的初步消化后，要在肠道内进行再次消化，肠道将食物分解成各种营养素，输送到宝贝体内。所以，适时添加不同性状的辅食，有利于促进宝宝肠道功能的发育。

好处五：促进宝宝牙齿的发育

适时地添加辅食可以为宝宝牙齿的萌发提供必要的营养，同时还有利于口腔内的血液循环，加速牙齿的发育；而牙齿的萌出又可以促进宝宝更好地咀嚼食物，从而更利于食物的消化和吸收。可见，辅食的添加与牙齿的发育以及肠胃的吸收之间的关系是互相促进、彼此依存的。

好处六：有利于宝宝的语言发展

辅食的添加，可以让宝宝在咀嚼吞咽食物的过程中充分地锻炼口周和舌部肌肉，使宝宝有足够的力量自由运用口周肌肉和舌头，对日后准确模仿发音、发展语言能力非常重要。

给宝宝添加辅食的最佳时间

到底什么时间给宝宝添加辅食最科学呢？相信这是许多妈妈最关心的问题。在下面的内容中，我们将为您揭晓答案。

最佳时间：宝宝6月龄左右

世界卫生组织通过的《新生宝宝喂养报告》指出，在给宝宝纯母乳喂养的基础上，宝宝6月龄左右需要添加一定量的辅食。2012年中国卫生部印发的《宝宝喂养与营养指导技术规范》中同样认同了以上的结论。

除此之外，世界健康组织、联合国宝宝基金会、美国儿科学会、美国家庭医生学会、美国饮食协会、澳大利亚国家健康与医学研究委员会、加拿大健康部等机构都一致认为：宝宝6月龄要添加辅食。这是各类相关行业的专家经过大量研究得出的结论，也是世界健康专家和母乳专家达成的共识。

不过，在2012年之前，也就是中国卫生部印发《宝宝喂养与营养指导技术规范》之前，大部分卫生组织和机构给出的宝宝添加辅食的时间是4~5月龄。而许多妈妈也是按照这一结论给孩子添加辅食的。现在，经过大量健康专家和母乳专家的研究与试验，认为这种做法存在着一定的弊端，故而将添加辅食的时间推迟为6月龄。

第一章 辅食添加，妈妈最关心的那些事儿

为什么要将添加辅食的时间推迟到 6 月龄呢？原因主要有以下几点。

让宝宝得到最大的免疫保护

科学研究表明，母乳中目前发现的免疫因子有 50 多种，对于纯母乳喂养的宝宝来说，这些免疫因子能够为宝宝提供最大的免疫保护。一项研究结果表明，全母乳喂养的宝宝比过早添加辅食的母乳宝宝的患病概率要小得多。

2012 年，美国儿科学会的《母乳喂养报告》中指出，纯母乳喂养至 6 个月的宝宝与母乳喂养至 4、5 个月的宝宝相比，患重感冒、咽喉感染和支气管炎的概率大大降低。

国内调查显示，一些农村地区的宝宝在 4 个月或不足 4 个月就开始吃米糊，导致孩子发生腹泻的情况非常多，还有一些孩子出现了消化道感染。

让宝宝的消化系统有更多的时间发育成熟

宝宝体内分泌的胃酸和胃蛋白酶在 3~4 个月才逐渐增加到成人水平；用于消化淀粉的胰腺酶直到 6 个月才能达到成人水平来消化淀粉；用于消化脂肪的脂肪酶直到 6 ~ 9 个月才能达到成人水平。所以，如果在宝宝的消化系统还不成熟的时候添加辅食，不但添加的辅食难以消化，还有可能会导致一些不良反应，比如消化不良、胀气、便秘等。

使辅食添加更容易

晚些吃辅食的宝宝可以自己动手吃，同时减少了食物过敏情况的发生。

有助于保护宝宝免于缺铁性贫血

在宝宝 6 个月龄之前，补充铁和含铁食物将降低宝宝对铁吸收的效率。

有助于妈妈维持母乳供给量

添加辅食就意味着宝宝吃母乳的量变少了，而母乳营养是最全面的，这样的替代结果显然得不偿失。所以，6 个月龄以前的宝宝不建议添加辅食。

过晚添加辅食不可行

当然，给宝宝过晚添加辅食的做法也是不可取的。如果给宝宝添加辅食的时间过晚，宝宝就不能及时补充到足够的营养。比如，母乳中铁的含量是很少的，如果超过 6 个月龄不添加辅食，孩子就可能会患缺铁性贫血。国际上一般认为，添加辅食最晚不能超过 8 个月龄。

需要推迟添加辅食的宝宝

绝大多数的宝宝都需要6月龄添加辅食，部分宝宝则需要推迟添加辅食的时间。凡属于以下情况的宝宝，建议推迟添加辅食的时间。

食物过敏的宝宝

家长有过敏史或宝宝对某种食物过敏时，最好推迟添加辅食。一般来说，宝宝食物过敏的症状表现是：嘴或肛门周围出现皮疹，经常腹泻、胀肚、流鼻涕或流眼泪、异常不安、哭闹等，如果出现上述任何状况，都应停止添加辅食。

早产儿

早产儿是指出生时胎龄不足 37 周的宝宝。胎龄和体重相匹配的早产儿也称为胎龄早产儿，说明早产儿即便早产，但是在宫内发育是正常的。出生时体重小于胎龄的早产儿叫做小于胎龄早产儿，说明宝宝不但早产，还存在宫内发育迟缓的现象。

与足月儿相比，早产儿体内营养储备明显不足，尤其是小于胎龄早产儿，由于在宫内发育迟缓，给出生后的喂养带来更大的挑战。所以，妈妈对早产儿的喂养应该投入更多的精力。

早产儿因为其吸吮、吞咽、呼吸功能发育都比正常宝宝缓慢，所以，应该用校正后月龄计算添加辅食的时间。也就是说，早产儿应该补足胎龄（40 周）的时间计算添加辅食的时间。比如，宝宝是 36 周早产，比预产期提前 1 个月，则宝宝的校正月龄应该是实际月龄减 1。也就是说，如果该早产儿此时为 7 月龄，则校正月龄是 6 月龄，那么添加辅食的时间就是出生后的 7 月龄。

添加辅食，宝宝需要满足的条件

通常情况下，宝宝达到以下两个或两个以上条件时，说明可以给宝宝尝试添加辅食了。

宝宝体重已经达到出生时的2倍

宝宝体重已经达到出生时体重的 2 倍，也就是说，如果宝宝出生时的体重是 3 千克，当体重达到 6 千克时，就可以尝试给宝宝添加辅食了。

宝宝能够自如地控制头部

宝宝出生的时候，骨骼都很软，还没有发育到能支撑起自己身体的程度。随着宝宝慢慢长大，开始学会自己抬头。具体表现是：头部必须能够保持直立、稳定的姿势，并且能够自如地抬起头。这是给宝宝添加辅食的必备条件之一。

挺舌反射消失了

　　宝宝在刚出生的时候，会有一种挺舌反射，表现为把妈妈送入嘴里的东西吐出来，这种反射一般会在宝宝6个月龄左右消失。当这种反射消失的时候，就证明宝宝准备接受辅食了，他（她）的舌头及嘴部肌肉已经发展到可以将舌头上的食物往嘴巴里送的程度。

宝宝奶量达到1000毫升

　　即使每天给宝宝喂奶8～10次，或一天吃配方奶达到1000毫升，发现宝宝仍有饥饿感或较强的求食欲，这表明宝宝营养需求在增加，此时可以尝试添加辅食了。

第一章 辅食添加，妈妈最关心的那些事儿

留意来自宝宝的求食信号

　　上文中已经提到，大多数宝宝满 6 个月龄就要添加辅食了。在这个阶段内，妈妈要细心观察宝宝的表现，确定宝宝是否有添加辅食的意愿。许多妈妈可能对上面这句话感到不解：此时宝宝还不能说话，家长怎么能知道他（她）想不想加餐呢？

　　其实，细心的妈妈会发现，宝宝的身体是会"说话"的，只要你留心观察宝宝的身体语言，就能够看懂他（她）的意愿。一般来说，当宝宝想要且能够吃辅食时，会有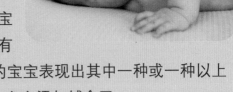以下 5 种求食信号，当你的宝宝表现出其中一种或一种以上的信号时，就可以尝试着为宝宝添加辅食了。

信号一：抓到东西往嘴里送

　　在宝宝 6 个月左右，就常常会出现抓到任何东西后都会往嘴里送的行为。此时，妈妈就应该想到宝宝可能是想要加辅食了。家长需要注意的是，这个时期一定要将宝宝可以触到的空间内的小东西清理干净，以防宝宝误吞有害的东西，造成意外伤害。如药片等。

信号二：对大人的食物感兴趣

当宝宝吃完奶后，对大人的食物表现出一定的兴趣时，就可以尝试添加辅食了。例如，有的宝宝会主动抓大人手里的食物。其实，他（她）是在暗示妈妈，应该给宝宝添加辅食了。

信号三：常因为肚子饿哭闹

随着宝宝的成长，身体所需的营养物质也会随之增加，纯母乳喂养已经不能满足宝宝所需要的食物量了。当你发现宝宝即便吃了足量的母乳或增加了喂奶的次数后，仍无法满足饥饿的需求时，就要尝试给宝宝添加辅食了。如果宝宝欣然接受辅食，而且不再哭闹，说明你添加辅食的时机抓准了。

第一章 辅食添加，妈妈最关心的那些事儿

信号四：生长缓慢，远离标准值

日常生活中，爸爸妈妈要密切关注宝宝的成长情况，定时给宝宝量量身高，称称体重。看看和正常的标准值相差多少，如果连续一段时间都达不到标准水平的话，就说明仅喂母乳已经不能满足宝宝生长的需求了，要在给宝宝喂母乳的基础上添加相应的辅食。如果添加辅食一段时间后依旧没有效果，就要及时到医院就诊。

信号五：宝宝烦躁的情绪增加

当宝宝突然无理取闹时或者有烦躁的情绪表现时，在排除了宝宝生病的可能性之后，应考虑是否给宝宝添加辅食了。

辅食添加的原则

给宝宝添加辅食应遵循以下 8 个原则。

无过敏反应

食物过敏是食物中的某些物质进入人体后被免疫系统当作入侵的病原，从而引发的免疫反应。所以，每添加一种新的辅食，要先观察一周左右，确定没有过敏反应后，再尝试添加另一种新食物。如果发现过敏反应，应立即停喂该种食物。

吸收难易有序

添加辅食要从最容易被宝宝吸收的开始，一种一种地添加。添加一种辅食后，要观察几天，如果宝宝出现不适，就暂时停止。

循序渐进

辅食添加要从少到多，从稀到稠，从软到硬，从细到粗，逐步适应宝宝消化、咀嚼、吞咽功能的发育。

切莫急于求成

添加辅食是帮助宝宝进行食物品种转换的过程，让孩子以乳类为主食逐渐过渡到以谷类为主食。为此，这个过程一定要慢慢来，应该按照月龄的大小和实际需要来添加，切莫急于求成。

不可照搬书本

添加辅食不可完全照搬书本，要根据自己孩子的实际情况灵活掌握，及时调整辅食的数量和品种。

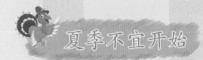

夏季不宜开始

无论是大人还是孩子，夏天的时候食量都会减少，如果此时给宝宝添加辅食，宝宝不爱吃，那就等到天气凉爽些再进行。

不要强制让宝宝吃

如果孩子对某种食物不喜欢，不要采用强制的手段，否则宝宝只会越来越不愿意吃饭。其实，宝宝不吃某种食物只是暂时的，不必在此时此刻强迫宝宝吃。

患病不加新辅食

添加辅食要在宝宝身体健康、心情高兴的时候进行，如果宝宝生病了，就不要添加原来没有吃过的辅食。

辅食添加的顺序

一般来说，给宝宝添加辅食应该遵循以下顺序。

从少量到多量

每次给宝宝添加新的食品时，一天只能喂一次，而且量不要大。比如，加蛋黄时，先给宝宝喂 1/8 个，三四天后，宝宝没有什么不良反应，而且在两餐之间无饥饿感、排便正常、睡眠安稳，再增加到半个蛋黄，以后逐渐增至整个蛋黄。

从稀到稠

宝宝在开始添加辅食时，大多还没有长出牙齿，因此父母只能给宝宝喂流质食物，逐渐再添加半流质食物，最后发展到固体食物。如果一开始就添加半固体或固体的食物，宝宝肯定会难以消化，导致腹泻。所以，添加辅食时，应该根据宝宝消化道的发育情况及牙齿的生长情况逐渐过渡，即从菜汤、果汁、米汤过渡到米糊、菜泥、果泥、肉泥，然后再过渡到软饭、小块的菜、水果及肉。这样，宝宝才能吸收好，不会发生消化不良。

宝宝的食物的颗粒要细小，口感要嫩滑，因此菜泥、果泥、蒸蛋羹、鸡肉泥、猪肝泥等"泥"状食物是最合适的。这不仅锻炼了宝宝的吞咽功能，为以后逐步过渡到固体食物打下基础，还让宝宝熟悉了各种食物的天然味道，养成不偏食、不挑食的好习惯。而且，"泥"中含有纤维素、木质素、果胶等，能促进肠道蠕动，容易消化。

第一章 辅食添加，妈妈最关心的那些事儿

从一种到多种

　　辅食的种类应按"谷物—蔬菜—水果—动物性食物"的顺序来添加。从一个种类过渡到另一个种类的时间一般为两周左右。添加时要按从单一到多样的顺序进行，即初次添加时不要同时给宝宝吃两种或两种以上的食物。这样做还有一个好处，即宝宝如果对某一种食物过敏，在尝试的几天里就能被观察出来。若是吃后的几天内没发生不良反应，则表明宝宝可以接受这种食物；如果怀疑宝宝对某种食物过敏，不妨一周后再喂一次，要是接连出现 2～3 次不良反应，便可认为宝宝对这种食物过敏。

谷物的添加过程

　　辅食首先从添加谷类食物开始，即从稀营养米粉糊到稠米粉糊，再到稀粥、稠粥、软饭，最后到正常饭。

蔬菜的添加过程

　　从过滤后的菜汁开始，到菜泥做成的菜汤，然后到菜泥，再到碎菜。

水果的添加过程

　　从过滤后的鲜果汁开始，到不过滤的纯果汁，再到水果泥，到切成碎块的水果，直至整个水果让宝宝自己拿着吃。

动物性食物的添加过程

　　从蛋黄泥、鱼肉泥、全蛋泥开始，到虾肉、鱼肉、鸡肉、猪肉、羊肉、牛肉。需要注意的是，动物肝脏虽营养丰富，但其胆固醇含量高，不宜多吃，一个月食用一次即可。

第二章 辅食准备阶段

4～5个月

辅食的添加不是一件简单的事情，妈妈除了要了解必要的相关常识外，还要随时留心观察宝宝的身体发育情况，为宝宝添加辅食做好必要的准备。

　　4～5个月，宝宝的后囟门即将闭合，头看起来还是比较大，这是因为头部的生长速度比其他部位快。这个时期，宝宝的身体发育速度虽然稍慢于前3个月，但是，生长速度仍然很快。

　　本阶段宝宝俯卧时，能够用前臂支撑抬起头部和胸部，直抱时头部能保持平衡，逐渐可以从仰卧位翻身到侧卧位或俯卧位。

　　视觉进一步发育，宝宝能够集中于注视较远的物体，并且开始形成视觉条件反射，比如，对逼近的物体有明显的躲避反应。

　　有的宝宝已经长出1～2颗门牙。

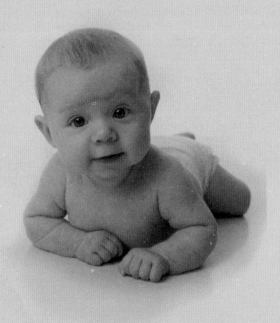

　　宝宝生长发育所需的营养素主要包括：蛋白质、脂肪、碳水化合物、维生素、无机盐和水。这六大类营养素是维持生命不可缺少的，对于健康的生命来说，哪一种营养素都是必需的。

　　蛋白质和脂肪主要来源于奶类和蛋肉类食物；碳水化合物主要来源于谷物；维生素主要来源于蔬菜和水果；无机盐主要来源于各种食物，如肉类含铁量较高，奶粉及海鲜含钙量较高，肉蛋类含锌量较高，蔬菜和水果含钾量较高，等等；所需的营养素还包括水，不可忽视。

　　宝宝处于快速生长期，所需营养素的比例和量与成人有所不同。对于 6 个月之前的宝宝来说，奶类是最主要的食物来源，母乳是宝宝的最佳食物。所以，此阶段乳类食物完全能满足宝宝的营养需求。

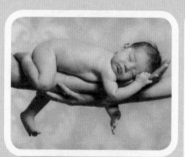

第二章　辅食准备阶段：4～5个月

从乳类中获取所有营养

母乳是宝宝最营养、最天然的食物。正常情况下，母乳可以满足6个月以下宝宝所需的全部营养。从6个月到12个月，母乳依然可以满足宝宝营养需求的一半以上。从12个月到24个月，母乳至少可以提供宝宝所需营养的1/3。母乳喂养是按需哺乳，宝宝饿了就喂，妈妈奶涨了就喂。

混合喂养是指母乳与配方奶混合喂养。混合喂养要把母乳放在第一位，一定要让宝宝多吸吮妈妈的奶头，以刺激泌乳量的增加，因为宝宝越吸吮，妈妈的乳汁越多。

宝宝配方奶虽然是最佳母乳替代食物，但最好的配方奶依然无法与母乳相媲美。配方奶喂养是按时喂养，根据宝宝需求，间隔2~3小时喂1次。

无论哪种喂养方法，奶量都不应减少，务必保持在每天800～1000毫升，在母乳不足的情况下，要及时添加宝宝配方奶粉，从而保证宝宝每日摄取到足够的营养。

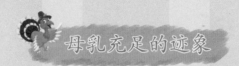

母乳充足的迹象

怎样判断母乳量是否充足呢？妈妈可以从以下几个指标判断：

● 宝宝体重增长正常。

● 宝宝吃奶后能安静入睡，可坚持1个小时以上。

● 每次吃奶时间不超过1小时，每侧乳房吸吮15～20分钟，两侧乳房吸吮30～40分钟。

以上几点中，体重增长情况是衡量母乳充足与否最重要的指标，如果宝宝体重增长正常，就不必添加配方奶。

母乳不足的迹象

判断母乳不足也有以下几个指标：

● 母亲感觉乳房空。

● 宝宝吃奶时间长，用力吸吮却听不到连续的吞咽声，有时突然放开奶头啼哭不止。

● 宝宝睡不香甜，出现吃完奶不久就哭闹，来回转头寻找奶头。

● 宝宝大小便次数少，量也少。

● 体重不增加或增加缓慢。

如果宝宝出现以上情况，并且体重增长缓慢，甚至不增长，在排除生病的情况下，首先想到的是母乳不足。此时，妈妈要在坚持母乳喂养的基础上，适当添加婴儿配方奶。

妈妈在夜间哺乳，不仅有利于孩子获得更多的营养，还有利于妈妈产生更多的乳汁，因为催乳素在夜间比白天分泌更旺盛。宝宝在夜间频繁醒来，是对营养和感情的双重需求，多吃到母乳和多得到安抚，都有利于宝宝的健康成长。

专家提示

要想乳汁多，妈妈只重视饮食是不够的，更重要的是放松心情、睡眠充足和频繁喂奶。

对于纯母乳喂养的宝宝，在4个月内除了母乳外，不需要添加其他种类的食物，也不需要额外补充水。母乳中大约90%是水分，即便是在炎热的夏天，只吃母乳也能满足宝宝所需的水分。

所以，母乳喂养的宝宝没有必要补充水分，如果补水，就会挤占宝宝本来不大的胃空间，减少母乳的摄入量，使宝宝获得的营养减少。这不利于宝宝的生长发育。

不过，为了保证宝宝不缺水，哺乳妈妈要尽量多喝水，并且限盐，每天盐的摄入量不超过4.5克。

当然，任何事情都有特例，当宝宝发高烧、腹泻或服用某些药物、出汗多的时候，就需要额外喂点白开水，以补充体内水分的不足。

本阶段混合喂养和配方奶喂养的宝宝需要额外补充水，每天额外补充的水量多少与每天所喝配方奶的多少成正比。比如，每喝100毫升配方奶，需额外补充15毫升水。

第二章 辅食准备阶段：4～5个月

不要盲目地过早添加辅食

乳类是此阶段宝宝唯一的食物来源，妈妈不要急于添加辅食。

婴儿先天就喜欢甜味和咸味，排斥苦味和辣味。当孩子接受了一种自认为比较好的味道，比如果汁、成人食用菜汤后，就对味道平淡的配方奶或母乳失去兴趣，从而容易出现厌奶的情况。加之，婴儿从初生到 4 个月龄前后，消化道内几乎没有分泌出淀粉酶，过早地让婴儿食用米粉、米糊等淀粉类物质，会导致婴儿消化不良，腹泻、呕吐。所以，切不可盲目过早地给孩子添加辅食。

2 岁以内的宝宝不宜食用纯牛奶、蛋白粉等

对宝宝来说，除母乳外的其他鲜奶、补品都不适合食用。因为婴儿消化道中的大多数消化酶往往还分泌不足或活性不高，喂食纯牛奶、羊奶、成人奶粉、蛋白粉等，宝宝可能会出现消化不良症状，如呕吐、腹泻、腹胀等。因此，建议母乳喂养。母乳的营养物质齐全，营养比例合理，而且含免疫活性物质，能让宝宝更加健康，少生病。尤其是初乳，所含的营养物质更丰富，更利于宝宝健康。但不少人因为初乳所含的营养物质更丰富而推崇食用牛初乳，专家说牛初乳对于小牛是最好的乳品，但不一定适合婴儿，还是建议母乳喂养。

如果妈妈因某种原因无法哺乳，最好选用配方奶粉，不要选用其他乳品。需要强调的是，2 岁以内的宝宝都要遵循这一原则。

宝宝为什么咬妈妈的乳头

有的宝宝4个月就出牙了。在牙齿萌出之前，宝宝的牙床会发痒，所以才会咬妈妈的乳头。对此，建议妈妈在喂奶前给宝宝吸吮安抚奶嘴，磨磨牙床。10分钟后再给宝宝喂奶，这样就能减少咬乳头了。

专家提示

当宝宝咬乳头时，妈妈大喊大叫是没用的，此时，应马上用手按住宝宝的下颌，宝宝就会松开乳头的。另外，妈妈在喂奶的过程中要注意观察宝宝，看到宝宝已经吃饱，吞咽动作减缓，开始娱乐性吸吮时，就可以试着将乳头拔出来，防止宝宝咬。

乳房大小与泌乳能力有关吗

几乎所有妈妈的乳房都可以制造足够的奶水给一个或者两个宝宝食用。乳房的大小是由脂肪的多少而非乳腺组织的多少决定的。无论任何大小的乳房，只要宝宝生下来就开始吸吮，并且没有橡皮奶嘴的干扰，宝宝都可以顺利地吃到母乳。

每个女性的乳房容量可能不同，有的容量大，宝宝一次吃完后可能间隔的时间长一些才会再吃奶；有的容量小，宝宝两次吃奶的时间间隔可能会较短。不过，只要宝宝想吃的时候就喂奶的话，妈妈一天产生的奶量基本没有多大差别，足够宝宝食用。

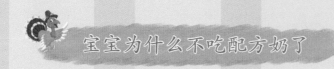

宝宝为什么不吃配方奶了

对于混合喂养和配方奶喂养的宝宝来说，在此之前，宝宝一直很喜欢喝配方奶，可是到了这个月，突然某一天宝宝不喝配方奶了，这是为什么呢？

原来，3个月以前的宝宝还没有吸收配方奶中蛋白质的能力，配方奶中所含的蛋白质进入体内后，大部分都被直接排出体外。到了第4个月，随着宝宝肠胃功能的发育，宝宝能够吸收配方奶中大部分的蛋白质了。当然，为了消化吸收蛋白质，宝宝的身体开始充分调动肝脏和肾脏参与进来。至此，宝宝消化吸收的能力增强，饥饿感和食欲也随之增强，但是肾脏和肝脏的工作量却进一步加大。于是，宝宝的肝脏和肾脏就会出现疲劳状态，这个时候，宝宝就会表现出厌奶的状态，自然就不吃配方奶了。

除了厌奶外，如果宝宝对其他易于消化的食品依然喜欢吃，宝宝的精神、睡眠、尿便也都正常，妈妈就不要担心，也不要强迫宝宝吃奶，只要宝宝每天能喝200毫升左右的奶，就不会饿。因为宝宝的体内已经储备了足够的能量。通常情况下，两周后宝宝就会重新喜欢喝配方奶的。可以说，厌奶是宝宝在静养已经疲劳的脏器，是在消化体内多余的脂肪，这个过程是不可避免的。

上班妈妈的哺乳方案

宝宝3月龄后，有些妈妈就要上班了，对于配方奶喂养的宝宝来说，妈妈上班影响不大，对于母乳喂养或混合喂养的宝宝来说，只要安排合理，上班也不影响哺乳。

中午能回家哺乳的妈妈

对于单位离家较近，中午可以回家哺乳的妈妈来说，可以这样安排哺乳时间：

早晨5～6点喂奶一次，上班前哺乳，中午回家休息10分钟后哺乳，下午上班前哺乳，晚上下班后哺乳。

中午不能回家哺乳的妈妈

早晨5～6点哺乳，上班前喂奶，上午和下午各挤奶一次，晚上下班后哺乳。将上午和下午挤出的奶放在奶瓶中，存放在冰箱里，留到第二天的上午和下午加热后喂宝宝。同时，第二天的上午和下午，妈妈依旧各挤奶一次，存放在冰箱中，作为宝宝第三天的食物，以此类推。

母乳储存的时间及温度关系表

储存地点	储存温度	储存时间
居室	19℃～26℃	4小时
冰箱冷藏室	4℃以下	72小时
独立冰柜	−18℃～−20℃	6个月

注：以上数据来源于国际母乳会。

妈妈在储存乳汁时应该注意以下事项：

（1）挤奶之前，妈妈应洗净双手，并选择干净的挤奶、储奶器具。

（2）存放在冰箱中的乳汁不要放在冰箱门边，并减少冰箱门的开启次数，以保持恒温。

（3）根据宝宝食量，将母乳放在每份为 60～100 毫升的储奶器具中，并且贴上标签，注明奶水挤出的时间。

（4）将冷冻室取出的乳液用流动的温水来解冻，不要在火炉上直接加热，也不要使用微波炉，以免破坏母乳的营养成分。母乳解冻后，应当餐食用，不可再次冷冻。

哺乳妈妈要注意营养素的补充

哺乳期妈妈要多吃富含蛋白质及钙、铁、锌、碘等微量元素的食物，直到哺乳期结束；多喝水，每天 6～8 杯，一般为 1200～1600 毫升；少盐，每天不超过 4.5 克。

多吃海产品，以补充 DHA。如果妈妈或宝宝对海产品过敏，妈妈也不能喝含 DHA 的配方奶，此时需补充 DHA 胶丸，每天 1 粒。

哺乳期妈妈要适当控制高油脂、高热量、高糖类的食物，避免生育性肥胖。

胎儿期在肝脏中储存的铁，足够宝宝 4 个月以前利用，4 个月以后，铁储备告急，哺乳妈妈要补充铁制剂，补充的量需咨询相关医师。

妈妈孕期特别是孕晚期缺铁

正常新生儿体内贮存的铁量足够供应出生后 4 ~ 6 个月间的造血需求，而如果妈妈在孕期铁质摄入不足，就不能把足够的铁贮存在宝宝的肝内，宝宝出生后就容易缺铁，易患缺铁性贫血。

宝宝体内对铁的摄入量不足

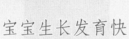

人体内的铁主要来源于食物，出生不久的婴儿，以乳类为主，乳类含铁量较低，每 100 毫升母乳含铁 1 毫克，每 100 毫升牛奶仅含铁 0.1 ~ 0.5 毫克，而且牛奶在肠道的吸收比母乳低，所以人工喂养的宝宝更容易缺铁。

宝宝生长发育快

铁是形成血红蛋白必需的原料，宝宝生长迅速，血容量增加也快，需铁量也快速增长，若补给不足，就容易缺铁。

宝宝身体不适造成铁的丢失或消耗过多

有很多情况会引起宝宝缺铁，如慢性腹泻等胃肠道疾病影响铁吸收；反复感染会使铁消耗增多。

食用食物不科学造成铁的流失

食物中的植酸、草酸及高磷低钙膳食能抑制铁的吸收。如果妈妈在食物制作过程中没有掌握科学的烹饪方法，则容易使宝宝缺铁，患上缺铁性贫血。

第二章　辅食准备阶段：4 ~ 5 个月

要准备好辅食制作的工具

对于宝宝来说，爸爸或妈妈亲手制作的带着浓浓爱意的辅食无疑是最可口的。对于父母来说，看着宝宝享用自己调制的美食，也是一种幸福。不过，制作辅食就离不开制作工具的准备，那么，需要准备哪些工具呢？

砧板

砧板也就是我们常说的案板或菜板。给宝宝制作辅食，砧板是必不可少的常用工具之一。给宝宝制作辅食的砧板应做到两点要求：其一是宝宝专用，其二是制作生菜和熟菜的砧板要分开，以免产生交叉感染。另外，无论是木质砧板还是塑料砧板，都要经常清洗和消毒。简单有效的消毒方法是经常晾晒或用开水烫。

刀具

给宝宝做辅食用的刀最好是专用的，并且切生食和熟食的刀具要分开。每次做辅食前后都要将刀洗净、擦干。

礤子

礤子是做丝类、泥类食物必备的用具，一般的不锈钢礤子即可，每次使用后都要清洗干净、晾干，食物细碎的残渣很容易藏在缝隙里，要特别留意。

蒸锅

蒸锅可以蒸熟或蒸软食物，蒸出来的食物口味鲜嫩、熟烂、容易消化、含油脂少，还能在很大程度上保存营养素。

过滤器

一般的过滤网或纱布（细棉布或医用纱布）即可，每次使用之前都要用开水浸泡一下，用完洗净、晾干。

研磨器

研磨器用来将食物磨碎，制作泥糊状食物的时候少不了它。在使用前，需将磨碎棒和器皿用开水烫一下消毒。

搅棒

搅棒是泥糊状辅食的常用工具，一般棍状物体甚至勺子等都可以，还想省事一点可以使用搅拌机，当然，都要注意清洁卫生。

小汤锅

小汤锅用于煮熟食物，也可用普通汤锅，但小汤锅更省时节能。

榨汁机

榨蔬菜汁或果汁离不开榨汁机的帮助，最好选购有特细过滤网，且可分离部件清洗的榨汁机。因为榨汁机是辅食前期的常用工具，如果清洗不干净特别容易滋生细菌，所以在清洁方面要多加留意。

削皮器

某些水果或蔬菜制作前需要削皮，有了削皮器，既方便又省力，最好专门给宝宝备一个，以保证卫生。

计量器

用来计算辅食的量。可以用一个事先量好重量和容积的小碗充当。使用前先用开水烫一下。

如今，市面上有很多辅食制作的套装工具，如宝宝食物研磨套装、宝宝食物制作容器组合装等，它们的优点是能做到宝宝专用，可酌情选用。

餐桌

给宝宝添加辅食之前，需要准备一套宝宝餐桌，宝宝餐桌具有可爱的图案、鲜艳的颜色，可以促进宝宝的进食兴趣。

杯子

杯子最好有两个较大的把手，便于宝宝抓握。随着宝宝长大，可以学着用一个把手或没有把手的杯子。所以，最好准备一系列的杯子供宝宝使用。

碗

碗要选择口大底小且带有精美图案的，平稳不易洒，图案可以吸引宝宝注意力，增加宝宝进食的兴趣。

勺子

最好选择不锈钢的专门喝咖啡勺子，大小和形状都比较适合宝宝。

围嘴

围嘴是宝宝学吃饭时必不可少的物品，为了不弄湿衣服，可选择材质为纯棉的防水围嘴。

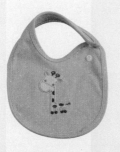

湿毛巾

湿毛巾要多准备几条。宝宝脸上、身上或手上沾上食物时，要及时给他(她)擦干净。

第三章 尝试添加辅食阶段

5～6个月

对于宝宝来说，乳类依然是这个月的最佳食品。从这个月开始，部分宝宝可以接受辅食了，你可以尝试着给宝宝添加辅食。比如，添加少量稀汁状辅食。如果添加辅食后，影响了乳类喂养，或出现其他不适情况，就暂时停止，等到下个月再添加。

需要注意的是，尝试添加辅食的目的是：刺激宝宝味觉的发育；促进咀嚼肌的发展；为半断乳做好准备；为宝宝出牙吃固体食物做准备；锻炼宝宝的吞咽能力。

本阶段宝宝的身体发育渐趋成熟，显得非常活泼可爱，身高、体重的增长速度较之前几个月增长稍缓。

本阶段随着宝宝颈部和背部肌肉力量的增强，以及头、颈、躯干的平衡发育，他（她）将接受一个重大的挑战——坐起。当他（她）趴在床上时，可以让双手撑起全身，父母扶着宝宝坐起来，宝宝能够独自坐一会儿，但双手还需要在前方支撑着。

宝宝可以用一只手抓住自己想要的玩具，如果玩具掉在地上，他（她）会用目光追随掉落的玩具。洗澡时宝宝很听话，还会玩水。

5个月的宝宝会用表情来表达自己内心的想法，能区别亲人的声音，能识别熟人和陌生人，对陌生人会做出躲避的行为。此时，宝宝特别喜欢节奏明显的儿歌，更喜欢父母给他（她）念儿歌时亲切而又丰富的表情。

　　铁是造血原料之一。宝宝出生后体内储存的由母体获得的铁，可供 4 个月之需。婴儿期铁的需要量为每天 6 ~ 10 毫克，幼儿期为每天 10 ~ 15 毫克。无论妈妈孕期是否缺铁，胎儿时期储存在宝宝体内的铁量，足够宝宝利用 4 个月左右。而本阶段，宝宝体内的铁将耗尽，所以，从第 5 个月开始，妈妈应常规补充铁剂，补充的量应在医生指导下进行。没有医生指导，不要擅自给宝宝补充铁剂或其他营养素。

　　由于铁剂容易刺激胃，一定要在饭后服用，妈妈服用铁剂后，如果出现食欲不振、恶心呕吐等症状，就暂停服用，必要时及时就医。

　　混合喂养和配方奶喂养的宝宝在例行体检时，要重点检查是否有缺铁性贫血，如果发现贫血，要遵医嘱给宝宝补充铁剂。

　　DHA 的补充也不可忽视。DHA，俗称脑黄金，是一种对人体非常重要的不饱和脂肪酸，是神经系统细胞生长及维持的一种主要成分，是大脑和视网膜的重要构成成分，对胎婴儿智力和视力发育至关重要。DHA 一般来源于深海鱼类、海藻类等海产品中，蛋黄中含有微量的 DHA。

　　研究发现，母乳中含有 DHA，母乳喂养的宝宝不需要额外补充 DHA。妈妈在哺乳期要多吃鱼类，以增加乳汁中 DHA 的含量。

奶才是孩子的主食，不要让辅食喧宾夺主

宝宝 1 岁半之前，始终保持进食一定的奶量是保证宝宝生长发育的基础。添加辅食后，孩子进食的时间和进食次数都不应该有明显的改变，奶的摄入量也不应因为添加辅食而减少。

宝宝 6 个月到 1 岁之间，应保持每天奶量在 800 毫升以上，1 岁到 1 岁半不少于 400 毫升。即使宝宝非常喜欢吃辅食，家长也不可让辅食喧宾夺主。因为保证奶类的摄入量，才是保证营养的基础。所以，要根据孩子每日进食的奶量和生长情况来决定给孩子怎样搭配辅食。

没必要添加辅食的宝宝

如果你的宝宝属于以下 3 种情况之一，就没必要在此阶段添加辅食，可以等到 6 个月再添加。

● 母乳喂养的宝宝，妈妈乳汁充足，宝宝也爱吃奶。

● 配方奶喂养的宝宝，没有厌奶现象。

● 混合喂养的宝宝，母乳和配方奶吃得都很好。

　　如果你的宝宝属于以下 3 种情况之一，可以尝试添加少量辅食。

　　● 母乳不充足，宝宝不接受配方奶。

　　● 配方奶喂养的宝宝出现厌奶现象，经过 1 ~ 2 周调养无改善，每日奶量 600毫升以下。

　　● 混合喂养的宝宝突然不吃母乳或配方奶，经 1 ~ 2 周调养无改善。

宝宝的第一口辅食不是蛋黄

　　家长给孩子添加的第一口辅食可谓五花八门：有的家长添加的是蛋黄，有的家长添加的是菜泥，有的家长添加的是米汤，甚至有的家长居然将成人食用的菜汤当作给孩子的第一口辅食。

　　其实，上面所说的各种食物，都不应该作为孩子的第一口辅食。蛋黄虽含丰富的铁，但其中所含铁多为三价铁，不易被吸收。而且蛋黄还会增加宝宝过敏的风险，所以不能作为宝宝的第一口辅食。

　　宝宝的第一口辅食一定是含碳水化合物丰富的谷类，如大米制品、小米制品等，一定要是糊状的食物，减少对消化道的刺激，

第三章 尝试添加辅食阶段：5 ~ 6 个月

便于宝宝吸收。过敏源，几乎都是含蛋白质丰富的食物，不能一开始就给宝宝添加肉、蛋、大豆等。

含铁的婴儿营养米粉是宝宝的第一辅食。宝宝营养米粉是在米粉的基础上添加了宝宝生长所必需的多种营养素，包括铁、维生素C及各种营养素。维生素C还有助于铁的吸收，而强化铁能够帮助宝宝预防缺铁性贫血。这种食品作为孩子的第一口辅食非常合适，不容易发生过敏反应，还可刺激淀粉酶的分泌和训练味觉。

另外，宝宝营养米粉调制简单，调配随意，其味道与配方奶接近。调查显示，宝宝很乐于接受这种辅食。

辅食添加的方法

开始添加第一种辅食时，可以一天喂一次，连喂3天，在这3天之内，仔细观察孩子对这种食物的接受情况。一旦发现孩子出现过敏反应，要暂时停喂，3～7天后再次尝试添加这种食物，如果出现同样的过敏反应，应该考虑孩子对这种食物不耐受，需至少停喂这种食物3个月，以免对孩子的身体造成伤害。同样，喂食其他辅食的时候，也要采用这种方法。

有的妈妈想给宝宝多加点营养，采用一天换一种辅食的方式，这种做法是不正确的，可能会造成宝宝的胃肠功能紊乱，反而无法吸收更多的营养。所以，辅食的添加一定要一样一样来，添加一种辅食后至少要等3～4天，才要考虑换下一种口味。即便是同一种类的辅食也要如此，例如，试吃含铁的米粉3～4天，无不良反应后，才能更换含锌的米粉。

刚开始添加米粉时，可挖一点食物放在小勺上，小勺的顶部满了就足够。把小勺放在宝宝的上下唇间，不要往里送。如果他（她）感到舌部有食物，就会咬住小勺。开始时，食物的味道及感受令他（她）诧异，因此你要耐心和他（她）说话，给他（她）鼓励。

宝宝可能很快会发现这种新食物令他（她）的舌头很舒服，于是痛快地吃完半小勺米粉。

如果宝宝不喜欢米粉的味道，就会用舌头顶出食物，这时，不要强行喂食，应该等到下次喂奶时再尝试。

专家提示

一定要用勺给宝宝喂辅食。不要把辅食放进奶瓶里喂食，因为这样做无法锻炼宝宝嘴和舌的协调、吞咽能力。

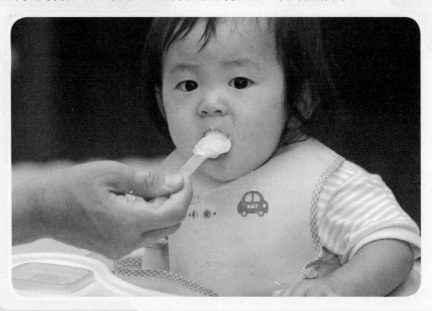

先喂辅食后喂奶

许多家长在添加辅食时比较随意，没有固定的顺序和时间，这种做法是不科学的。

一般来说，每次喂辅食时要先添加辅食，然后再喂奶。最初添加辅食的时候，辅食的量要少，需要添加母乳或配方奶孩子才能吃饱。这样做有以下几点好处：

先吃辅食是让孩子保持饥饿和饱腹的状态。如果在两次喂奶之间给孩子添加辅食，此时孩子还未饿，对食物兴趣不高，进食后也未必吃饱，喂奶时孩子又处于未饿的状态，依然对食物的兴趣不高。长期如此，孩子就失去了饥饿和饱腹的感觉。更重要的是，这种做法容易降低孩子对食物的兴趣，同时也不利于肠胃功能的发育。

不可强迫宝宝吃辅食，否则会导致宝宝厌食

可以说，宝宝对一种新的食物往往要经过 15 ~ 20 次的接触后，才能接受。所以，当宝宝拒绝新食物或对新食物吃吃吐吐时，不能采取强迫的手段，以免宝宝对这种食物产生反感。家长要尽可能尊重孩子的选择和意愿，让孩子感到进食是一件愉快的事。

铁储备告急，是添加辅食最主要的原因

胎儿时期储存在宝宝体内的铁量，足够宝宝利用 4 个月左右，到第 5 个月，宝宝体内的铁将基本耗尽，这是尝试添加辅食的主要原因。

辅食添加，宝宝的新挑战

宝宝在 6 个月以前，一直是"喝"食物，所以，在辅食添加初期，要有一个让宝宝逐渐适应和熟悉的过程，辅食对宝宝来说是全新的感受，食物的味道、性状、感官、进食方法、餐具全部和原来不同，如果不给宝宝充分的适应过程，就会出现辅食喂养困难。

味道从单一的奶的味道到丰富的食物的味道。

性状从单一的流质食物到糊状、颗粒、半固体、固体。

感官从单一的白色奶液到色泽丰富、不同感官的食物。

进食方法从舌与上颚挤压到舌体搅拌、牙床研磨、磨牙咀嚼、切牙切食，从吸吮吞咽到囫囵吞枣、边咀嚼边吞咽。

进食餐具从妈妈的乳头或人工奶头到五颜六色的宝宝餐具。

所以，辅食添加不是简单地给宝宝添加几种辅食，家长要充分理解宝宝。在辅食添加中出现任何的"不正常"都是辅食添加过程中正常的经历。

成人饮食不是宝宝辅食

成人饭菜在咸淡、油量、粗细和品种上与宝宝辅食相差太多。所以，不要给宝宝喂成人饭菜。从盐的角度来说，1～3岁的宝宝对盐的需要量很低，以菜泥为例，一般菜泥的含盐量比成人菜的含盐量低5倍。所以，我们不能以成人的口味来衡量宝宝，原汁原味的菜泥在成人看来也许太难吃了，但对宝宝来说，这种口味正合适。

自己做辅食好还是买市场销售的好

自己做辅食和买市场销售的辅食各有优缺点。

市场销售的宝宝辅食的优点是即开即食，较为方便省时。同时，大多数宝宝辅食的生产受到严格的质量监控，其营养情况和卫生状况基本能得到保障。所以，如果没有时间为宝宝做辅食，可以选择一些有质量保障的宝宝辅食。但是，市场销售的宝宝辅食无法完全代替家庭自制的辅食。因为其没有各家各户的特色风味，当宝宝断奶后，还是要吃家庭自制的食物，适应家庭的口味。从这一方面讲，家庭自制辅食有着较大的优势。

宝宝的身体组织器官尚未发育完善，消化系统还很稚嫩，所以，有些食物宝宝是不能吃的，现列举如下。

✕ 蛋清

宝宝1岁前，消化道还没有发育成熟，而蛋清中蛋白分子较小，容易透过肠壁进入血液，引起过敏反应。所以，蛋清最好等到宝宝满1岁再吃。

✕ 蜂蜜

1周岁以内的婴儿不宜食用蜂蜜及花粉类制品。首先，蜜蜂难免会采集一些有毒植物的蜜腺和花粉，若正好是用有致病作用的花粉酿制的蜂蜜，食用后就会使人中毒。特别是1周岁内宝宝的肠道内正常菌群尚未完全建立，更易引起感染，出现不适症状。其次，蜜蜂也会把带肉毒杆菌的花粉和蜜带回蜂箱，使蜂蜜受到肉毒杆菌的污染，而极微量的肉毒杆菌毒素就会使婴儿中毒。再次，蜂蜜甜度高，婴儿饮食应以少糖无盐为佳。

× 菠萝

菠萝含有菠萝蛋白酶等多种活性物质，对人的皮肤和血管都有一定的刺激作用，容易引起皮肤瘙痒、口舌麻木等症状，所以，最好不要给宝宝吃菠萝及其制品。

× 芒果

不成熟的芒果含有醛酸，对皮肤黏膜具有一定的刺激作用，可引发口唇部接触性皮炎。

× 不易消化的蔬菜

竹笋是难以消化的蔬菜，最好等宝宝大一点再喂食。另外，含膳食纤维较多的菜梗也不要喂给宝宝吃。

× 糯米制品

糯米制品是指黏性较大的食品，如汤圆、粽子、年糕等，此类食品不易消化，最好不要给宝宝吃。

✕ "粒"食品

花生米、黄豆、核桃仁、瓜子极易误吸入气管，应研磨后再给宝宝食用。

✕ 未经卫生部门检查的自制食品

糖葫芦、棉花糖、花生糖、爆米花等，因制作不卫生，或糖分过多，或铅含量超标，食用后对宝宝健康有害。

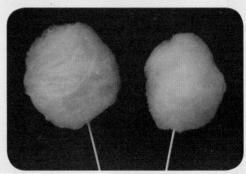

× 易产气胀肚的食物

洋葱、生萝卜、白薯、豆类等食物，宜少量食用。

× 刺激性强的调味品

芥末、辣椒、咖喱等刺激性较强的调味品，容易加重宝宝的肝脏负担，干扰机体对其他营养素的吸收。另外，味精、大酱、番茄酱等调味品中多含有添加剂，也不利于宝宝的身体健康。

× 清凉饮料

清凉饮料是指含糖分较多的饮料，部分饮料中还含有咖啡因，有较强的饱腹作用，还可减少胃液分泌，切记不要让宝宝喝。

× 螃蟹、虾等带壳类海鲜

海鲜不易保存，容易腐败，腐败的海鲜会引发宝宝过敏。肠胃功能发育尚不完善的宝宝本来就比较敏感，如果吃到不洁的食物，身体出现的反应往往更甚成人，所以，海鲜类食物不宜在宝宝1岁以前喂食。

✕ 油炸食品

大家对油炸食品并不陌生，比如麻花、丸子、油条、薯条等，这些油炸食品经高温处理后，容易产生亚硝酸盐类物质，对宝宝的身体健康非常不利。

✕ 膨化食品

膨化食品是一种以谷物、薯类或豆类为主要原料，经焙烤、油炸、微波或挤压等方式膨化而制成的体积明显增大、具有一定酥松度的食品。如薯片、虾条等，这些食品含铅量较高，宝宝不宜食用。

专家提示

家长在食材的选择上一定要多花点心思，在喂养宝宝的时候才会更省心。

制作辅食的五个原则

给宝宝制作辅食时，需要遵循以下 5 个原则。

安全卫生

宝宝辅食的安全卫生是第一位的，只有保证了这一点，给宝宝增加营养才成为可能。所以，在给宝宝制作辅食时，食物的挑选、清洗，制作工具的清洗、消毒等细节问题一定要重视起来。

无糖

如果在辅食中加入过多的糖，只会阻碍宝宝的味觉发育，使他（她）对甜度不敏感，从而导致以后食物中不加糖则不愿意吃的情况。这种偏食习惯一旦持续下去，不仅会造成后天肥胖症和糖尿病等疾病的发生，还会引起蛀牙的产生。因此，宝宝的辅食应无糖。对于宝宝来说，包括母乳、水果、蔬菜在内的食物中的天然糖，已能满足宝宝生长发育和日常活动的需求，基本不需要额外补充糖类。

无盐

宝宝的肾脏发育不完全，如果在辅食中加盐，会加重宝宝的肾脏负担。另外，如果宝宝习惯了吃咸的食品，长大后的饮食口味也会偏咸，这样患高血压的概率就会增加。专家建议，1 岁以内的宝宝辅食中不需要加盐，因为从蔬菜及其他食物中摄入的盐分就足够了。

食材要精挑细选

制作辅食的食材必须是没有化学污染的绿色食品，并且要挑选新鲜的食材，制作之前要仔细清洗。清洗各类食材的时候，均应用冷水，清洗时间不可过长，也不能浸泡或长时间搓洗。

现吃现做

给宝宝刚添加辅食时，宝宝的食量非常小，孩子吃不完，家长会觉得一天做几次很麻烦，不如一次多做些，存放在冰箱中，下次食用时稍加热即可。其实，隔顿食物的营养和味道都要大打折扣，且容易被细菌污染，因此不要让宝宝吃上顿剩下的食物，宝宝剩下的食物最好大人马上吃掉。等宝宝饿了的时候再做。

专家提示

避免长时间的保温或多次加热，可减少营养素的氧化损失。微波炉加热的方法不可取。

选择合理的烹饪方式，才能更好地保留食物的营养素，这一点需要妈妈特别留意。以下是营养专家给出的烹饪建议。

蔬菜

蔬菜含有丰富的水溶性 B 族维生素、维生素 C 和无机盐，如果烹饪加工方式不当，这些营养素就会大量流失。比如，炒青菜时加入过多的水，就会使大量维生素溶于水中；把黄瓜切成薄皮凉拌，放置两个小时后，维生素损失近 1/3。为此，菜叶需要整棵焯水，不可切碎后再焯；做熟的青菜不可放置时间过长，以免生成亚硝酸盐。

在此，我们着重介绍胡萝卜的正确做法：胡萝卜含有大量 β – 胡萝卜素，但它们仅存在于细胞壁之中，只有经过切碎、咀嚼等方式，才能被人体吸收。β – 胡萝卜素是一种脂溶性物质，生吃或做汤都不能被人体吸收，正确的做法是：将大块胡萝卜用少许油煸炒一下，再放入锅中蒸熟，捣碎后给宝宝吃。

肉类

由于宝宝咀嚼能力较弱，所以肉类只能加工成泥糊状方能顺利喂食。为了保证摄入多种营养素，建议给宝宝的肉类辅食以肉汤为主。炖肉时，肉下冷水锅，用文火慢煮，这样，脂肪、蛋白质就从内部渗出，进入汤中，使汤味肉香扑鼻，营养更佳。

米、面等主食

制作米、面食品时，最好以蒸、烙为好，不宜用水煮或油炸，这样能够减少营养素的流失。比如，经过油炸的油条，其营养成分大部分损失殆尽。

专家提示

炖骨头汤时滴几滴醋，能更好地溶解骨头中的钙质，增加汤的含钙量；用铁锅烹饪番茄等酸性食物，能大大增强人体对活性铁的吸收量。

美味辅食做起来

米粉汁

● **食材**

小袋装营养米粉（购买口碑较好的大企业生产的米粉）。

● **制作**

在小碗中倒入1小勺米粉，加入3～4小勺温开水，静置后，用筷子按照顺时针方向调成汁状。

● **功效**

营养米粉是以大米为主要原料，以白砂糖、蔬菜、水果、蛋类、肉类等为选择性配料，加入钙、磷、铁等矿物质及维生素而制成的宝宝补充食品，很适合宝宝食用。

米粥油

● 食材

小米或粳米 100 克（任选其中 1 种）。

● 制作

（1）把米淘洗干净，大火煮开，再改成小火，慢慢熬成粥。

（2）粥熬好后，放置 5 分钟，用平勺舀取上面的米粥油，注意不要掺入米粒，待温度适中后喂宝宝。

● 功效

米粥油味道香甜，含有丰富的蛋白质、脂肪、碳水化合物及钙、磷、铁、维生素 C、维生素 B 等。

6～7个月宝宝辅食添加表

谷类（克）	5～10
蔬菜（克）	3～5
水果（克）	3～5
蛋黄（个）	0
鱼/禽/畜肉（克）	0
水（毫升）	200～300
奶量与辅食量比例	8:2
新添食物性状	汁、稀糊
每天添加次数（次）	1

本阶段宝宝体格进一步发育，神经系统日趋发育成熟，他（她）喜欢在床上滚来滚去，基本上可以自己坐起来了。当孩子坐起来玩时，双手可以摆弄物体，眼睛会盯着手上拿到的东西，手眼开始协调。

现在的宝宝听到妈妈的声音会把头转向妈妈，宝宝说出的声音虽然还不是成熟的语言，但是宝宝明显能更好地控制声音了，除了对声调、音量的不同有反应之外，对责备的话语也有反应了。听到大人说话时，能咿咿呀呀地回应。

6~12个月是宝宝辨别物体细微差别能力的发展关键期，此时可以给他（她）观看颜色对比鲜明的图片或物体。

此时的宝宝大多已经开始长乳牙了，一般最先长出2颗下门牙，然后长出上门牙，再长出上侧切牙。

专家提示

医生建议，每6个月对宝宝进行一次视力检查，以确保双眼视力的正常和眼球运动的协调性。

　　奶类仍是本阶段宝宝生长发育所需营养的主要食物来源。对于母乳喂养的孩子来说，添加辅食不是因为母乳质量降低了，妈妈一定要坚持母乳喂养。配方奶喂养的宝宝，可继续维持原来的奶量，需要强调的是，配方奶不是辅食的一部分，不要把配方奶当作辅食添加。

　　宝宝进入6月龄后，在辅食中添加含铁元素丰富的辅食，可以补充母乳中不足的营养素，否则就容易出现缺铁。配方奶中虽然添加了铁剂，但吸收有限，所以要添加含铁辅食。

　　母乳喂养的宝宝，只要妈妈摄入足够的钙，就不需要给宝宝额外补充。配方奶喂养的宝宝，如果能达到正常奶量，也不需要额外补充钙剂。

本阶段辅食添加要点

以奶为主，辅食为辅，不可主次颠倒

进入第 6 个月之后，宝宝开始萌出乳牙，胃容量也逐渐增大，消化系统逐渐发育成熟，下腭和舌头也能够将食物送到嘴巴深处并开始咀嚼和吞咽，同时分泌一种帮助消化食物的酶，这些都说明宝宝已经具备了消化吸收部分辅食的能力，需要给宝宝添加乳类之外的其他食物了。所以，从第 6 个月开始，大多数宝宝都需要正式添加辅食。

本阶段是辅食添加的初期，添加辅食的目的是让宝宝逐渐适应吃乳类以外的食物，补充乳类中不足的营养成分。但不可因为辅食添加而减少宝宝的奶量。总体来说，宝宝的奶量要占食物总量的 80% 以上，即奶量与辅食的量比例是 8：2。

本阶段可以每天给宝宝添加一次辅食。米粉添加5~10克，蔬菜和水果的量分别增加到3~5克。此阶段，最好让小儿逐步适应3~5种菜汁、果汁或菜稀糊。

专家提示

每个宝宝的食量不同，标准所定的量只是一般情况，表现食量递增的规律。妈妈要根据自己宝宝的食量喂养，以宝宝吃饱为准。

一周内成功添加米粉

世界卫生组织提出，宝宝首次添加奶以外的食物应从米粉（或米糊）开始，因为谷类不但提供较高的热能，还能补充铁，而且是最早最容易被宝宝接受的食物。

为此，宝宝从6个月开始，在母乳喂养或配方奶喂养的基础上，加一些含铁的纯米粉，以锻炼宝宝对淀粉类食物的消化吸收能力。米粉争取在一周内添加成功，这样下一步添加计划方可顺利完成。

第四章　辅食添加第1阶段：6～7个月

先菜汁，再果汁

万事开头难，初次添加米粉成功后，接下来的菜汁和果汁的添加就要相对容易一些了。但是，爸爸妈妈也不要大意，添加菜汁、果汁也有许多讲究。两者的顺序是先菜汁，后果汁，果汁先从兑水开始，然后再喝原汁。

菜稀糊或水果稀糊的量

菜稀糊或水果稀糊的添加应按照从少到多的原则，顺序依然是菜稀糊添加成功后，再添加水果稀糊。每种辅食先添加3克左右，逐渐增加到5克左右。也可根据小儿食欲状况而定，原则上以不影响当次奶量为宜。

营造良好的喂食环境

给宝宝添加辅食时，应该选择光线柔和、温度适宜、相对安静的环境，使宝宝心情舒畅、情绪稳定，这样有利于宝宝快乐进食和营养素的消化吸收。

可添加的辅食种类

谷物类

米粉或米汤。

蔬菜类

胡萝卜、小白菜叶、油菜叶、菠菜、西红柿、土豆、南瓜、红薯等，可制成菜汁或菜稀糊。

水果类

苹果、香蕉、梨、西瓜、桃等新鲜水果，可制成果汁或水果稀糊。酸味重的水果如橙子、柠檬、猕猴桃等先不要给宝宝吃。

不要忘记补充水

从这个月开始，由于添加了辅食，所有的宝宝都要补水。母乳喂养的宝宝每天100~200毫升水；配方奶喂养的宝宝每天200~300毫升水。

宝宝用舌头顶出食物不代表不爱吃

当孩子第一次尝到一种新的食物时，一种自我保护的意识提醒他"小心，这会不会有危险"。人类生存的本能让他（她）拒绝新的口味。而当他（她）看到妈妈面带微笑地吃给他（她）看，多次反复地让他（她）品尝之后，这种恐惧会渐渐减弱、消失，最终会爱上这一新的食物。

食物过敏须谨慎

　　宝宝的肠道功能还未发育成熟，食物中的某些过敏源可以通过肠壁直接进入体内，触发一系列的不良反应，这就是食物过敏。

　　宝宝食物过敏的高发期在1岁以内，特别是刚添加辅食的初期。引起过敏的常见食物有鸡蛋、牛奶、花生、大豆、鱼及各种添加剂等。

　　食物过敏的主要表现为：在进食某种食物后出现皮肤、胃肠道和呼吸系统的症状。皮肤反应是食物过敏最常见的表现，如湿疹、丘疹、斑丘疹、荨麻疹等，甚至发生血管神经性水肿，严重的可以发生过敏性剥脱性皮炎。食物过敏时还经常有胃肠道不适的表现，如恶心、呕吐、腹泻、大便出血等。此外，还可能有呼吸道系统症状，如鼻充血、打喷嚏、气急、哮喘等。

添加辅食后孩子出现腹泻怎么办

初期给孩子添加辅食可能会出现不耐受的情况，腹泻就是其中之一。如果宝宝腹泻不严重，可以维持已添加的量，继续观察两天。如果情况出现好转，要等到宝宝完全恢复后再增加辅食的量或添加新辅食；如果腹泻加重，要暂停几天辅食再尝试，类似的情况再次发生，就要更换其他辅食了。

腹泻也会因为进食不当而发生，具体来说，是指辅食量偏多、食物性状较粗、喂养时间不合理等。在这种情况下，家长最好找出原因后，做出适当的调整，再观察宝宝的情况，不可一出现腹泻就完全停止所有辅食。

添加辅食要灵活，不要为添加而添加

辅食的添加要根据辅食添加的时间、量、宝宝对辅食的喜欢程度及进食乳量的多少等情况灵活掌握，不必照搬书本。

如果宝宝在 5 月龄的时候就已经添加了米粉，对辅食已经熟悉了，妈妈要尽量掌握宝宝吃辅食的规律，可以继续按照自己的方式喂养，只要宝宝生长发育正常就行。

如果宝宝吃辅食比较困难，并出现干呕等情况，妈妈要有耐心，随着宝宝月龄的增加，这种情况会逐渐消失。

如果宝宝吃辅食比较慢，妈妈不必为了宝宝多吃辅食，将吃辅食的时间无限延长，最好控制在 30 分钟内喂完。

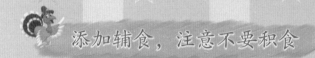

添加辅食，注意不要积食

有的妈妈总担心饿着宝宝，一次给宝宝喂食的辅食比较多；有的妈妈想给宝宝多种营养，一天换一种辅食。这些做法不仅不利于宝宝肠胃功能的强大，还容易引起宝宝积食。

在喂食过程中，如果出现呕吐、腹泻、食欲不振等症状，并且喂什么都把头扭开，说明宝宝积食了，此时要停止喂食。

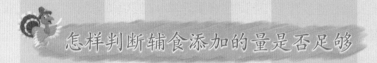

怎样判断辅食添加的量是否足够

宝宝吃完辅食后不哭不闹，睡眠也很好；定期测量身高、体重、头围等，这些数据都在正常范围内，这就说明辅食添加的量够了。

专家提示

6个月前每月带孩子体检一次，6个月到1岁期间可每两个月带孩子体检一次；1岁后可以每3个月带孩子体检一次，直到上幼儿园。

米粉可以吃多长时间

　　宝宝吃米粉没有具体的时间界限，一般是在宝宝的牙齿长出来，可以吃粥和面条时，就可以不吃米粉了。

宝宝生病时添加辅食吗

　　在患病期间，宝宝仍应坚持有规律地进食，甚至要提供更多的食物和流食，以帮助患儿及早恢复体力。但是，生病时不要添加以前没有吃过的新辅食。在病愈后两周内，每天多吃一餐，进行营养补充，以减少疾病对生长发育的影响。

宝宝为什么不喜欢喝白开水

　　到了六七个月龄，宝宝对味道的品尝能力已经很强了，如果在此之前他（她）已经喝惯了配方奶、果汁、菜汁，自然对白开水不感兴趣。6个月以前，宝宝的吮吸欲望较强，当把白开水灌在奶瓶中，他（她）就会自然地吮吸，尽管白开水没什么味道，却能满足宝宝吮吸的欲望。6个月以后，宝宝的吮吸欲望减退，并且吮吸已经有了一定的目的性，会吮吸自己喜欢的东西，白开水没什么味道，宝宝自然不喜欢喝白开水。

宝宝不喝白开水，可以吗

众所周知，任何饮料都不能代替水，6个月以后的宝宝尽管表现出不爱喝白开水，但是也要想办法让他（她）喝一点。妈妈可以尝试让宝宝自己拿着奶瓶喝水，因为宝宝喜欢自己做事，把喝水的任务交给他（她）自己，就可以喝一些水，这个方法还是很有效的。

添加辅食困难，怎么办

大多数宝宝都很容易添加辅食，真正添加辅食困难的并不多。这个月属于辅食添加的初期，无论孩子吃多吃少，只要吃就行，不必完全按照这个月宝宝辅食添加的种类和数量来完成。

添加辅食困难的原因主要有以下几种：

● 辅食的味道孩子不喜欢。

● 母乳或配方奶吃得太多。

● 上一次辅食喂多了，宝宝积食。

● 添加辅食的时间过晚。

如果宝宝添加辅食困难，妈妈最好先找到原因，然后进行调整。如果找不到原因，就要少添加，只要宝宝吃一点儿就可以了。如果宝宝一点儿也不吃，尝试改变辅食的口味或种类，妈妈要有信心，宝宝终究会吃辅食的。

让宝宝体验到吃饭是一件快乐的事情

宝宝对不愉快的经历有着深刻的记忆，喜欢重复做让他（她）愉快的事情，拒绝接受痛苦经历。比如，如果用奶瓶喝过苦涩的药水，那么，下次再用奶瓶喂甜水的时候，他（她）就会拒绝喝。喂宝宝辅食也是如此，如果强迫喂宝宝辅食，他（她）就会记住这次不愉快的经历，当再喂辅食的时候，就会对辅食产生抗拒心理。所以，喂辅食的时候，一定要让他（她）体验到吃饭是一件快乐的事情，这样，他（她）才会对吃饭产生浓厚的兴趣。

正式添加辅食，大便会有变化，这是正常现象

添加辅食后，宝宝的大便可能会发生一些变化。对于纯乳期大便次数多的宝宝，辅食添加后可能会减少至一两天一次大便；有的宝宝原来便较稀，添加辅食后，可能会变稠，甚至变硬；有的宝宝原来每天一两次大便，添加辅食后可能出现便稀的情况，等等。对于以上种种情况，妈妈不要惊慌，更不要急于给宝宝吃药，而是应该调整辅食，留意大便是否有变化。因为吃药有时不但没有帮助，还会产生副作用。

添加辅食后大便变稀的宝宝，只要不是水样便，没有消化不良、肠炎等病症，就不要停止添加辅食。如果停止添加辅食，常常会造成很长时间孩子大便无法转为正常。

添加辅食后大便变硬的宝宝，妈妈要及时带孩子看医生，同时注意给孩子多喂水。

油菜汁

● 食材

油菜叶 6 片，水 50 毫升。

● 制作

（1）将水倒入小锅中，煮沸。

（2）油菜叶清洗干净，切碎后倒入小锅中，煮 1 分钟关火。

（3）晾温后，过滤出菜叶，将菜汁倒入碗中。

● 功效

油菜的营养价值很高，其中钙、磷、钾等元素含量丰富，是宝宝成长的首选蔬菜。给宝宝喂食油菜汁有利于宝宝身体的发育和肌肤的水嫩，特别是能帮助上皮组织的发育。

米糊

● 食材

大米 50 克。

● 制作

（1）大米洗净后，用温水浸泡 2 个小时。

（2）把泡好的大米连同 3 倍量的水一起倒入搅拌机中，打成糊状。

（3）把米糊倒入小锅中，小火慢慢加热，期间要不断用勺子搅动米糊。

（4）待米糊沸腾后，持续煮 2 分钟就可以了。

● 功效

大米糊主要含有蛋白质、钾、磷、铁、烟酸等成分，是宝宝初次尝试辅食的首选。

● 食材

胡萝卜1根。

● 制作

（1）胡萝卜洗净，用刀切成丁，锅中放油，稍炒后，放入蒸笼中蒸熟。

（2）将蒸熟的胡萝卜丁用搅拌器搅成泥状，再加入适量温开水搅成糊状即可。

● 功效

胡萝卜营养丰富，所含的维生素A对细胞增殖和生长非常有好处，可增强脑细胞的活力。

第五章 辅食添加第2阶段

7～8个月

7～8个月宝宝辅食添加表

谷类（克）	10～20
蔬菜（克）	5～10
水果（克）	5～10
蛋黄（个）	0
鱼/禽/畜肉（克）	5
水（毫升）	200～300
奶量与辅食量比例	7：3
新添食物性状	汁、泥、糊
每天添加次数（次）	2

宝宝生长发育特征

　　本阶段宝宝的运动肌开始迅速发育，他（她）已经能熟练地翻身了，当家人在前面逗引，并用手抵住宝宝的脚掌向前推的时候，宝宝可以向前移动。他（她）可以不用别人扶着而自己坐一会儿，这时候孩子尽管还不能够站立，但两腿能支撑大部分的体重，扶着腋下时能够上下跳跃。宝宝的平衡能力已经发展得比较好了，头部可以自由灵活地转动。

　　这时的宝宝很可能已经会说出一两句"papa""mama"了，宝宝的语言发展已经进入了敏感期，他（她）已经可以发出比较明确的音节。

　　此时的宝宝，玩具丢了会找，能认出熟悉的事物。有人叫他（她）的名字会有反应。他（她）喜欢倾听自己发出的声音和别人发出的声音，能把声音和声音的内容建立联系。

专家提示

　　在宝宝出牙前后，由于乳牙对牙龈神经的刺激，唾液的分泌量会进一步增加。在此阶段，宝宝的口腔相对较浅，吞咽功能还不完善，闭唇与吞咽的动作还不协调，容易出现经常流口水的情况。此时，家长要注意经常用干净而柔软的布帮助宝宝及时擦拭，以护理好口周的皮肤。等到宝宝的口腔变深，吞咽功能逐步完善，流口水的情况就会消失。

宝宝的营养需求

　　本月铁的需求量明显增加，比上个月增加了近 30 倍。所以，本月营养重点是补铁，辅食中要侧重高铁食物的摄入，比如动物肝、动物血、红枣、黑芝麻、瘦肉等。

　　6 个月以上的宝宝脑部发育很快，如果蛋白质摄入不足，容易影响大脑的发育。尤其是母乳喂养并且母乳不足的妈妈，这一阶段要注意蛋白质的补充。

本阶段辅食添加要点

必须添加辅食了

如果你的宝宝到本阶段还没有添加辅食，或者是偶尔添加，仍然单纯喂养奶类，妈妈必须引起重视了，从本阶段宝宝的营养需求可知，不添加辅食可能会导致宝宝贫血或营养不良等症状。

本阶段辅食安排

奶量与辅食的量在本阶段的比例是 7：3。

母乳喂养的宝宝，如果每次喂奶时间少于 15 分钟，每天哺乳次数少于 5 次，要考虑是否辅食添加过多了。

混合喂养的宝宝不要因为添加辅食而减少母乳喂养，可以适当减少配方奶量。

配方奶喂养的宝宝每日奶量控制在 600 ~ 800 毫升。

满 7 个月时，辅食量可以逐步增加到米粉 20 克，果泥和菜泥各 10 克，肉类 5 克。

应用条件反射法喂辅食

喂宝宝辅食，尽量在固定的时间和地点，这样容易让宝贝形成进食反射，从而形成良好的进食习惯。

比如，在喂宝宝辅食前，让宝宝坐在餐椅上，系上围嘴，放舒缓的音乐（吃辅食前放同一首乐曲），用宝宝熟悉的餐具，一边喂饭一边和宝宝交流，让宝宝在愉快的氛围中享受进食。

不要同时添加多种新食物

添加辅食时要注意宝宝从没有吃过的新食物，必须先尝试一种，习惯后再尝试另一种，不能同时添加几种新食物，以免孩子发生过敏却找不出致敏源。如果发现宝宝有过敏反应，要及时停喂这种辅食，其他未引起不良反应的辅食继续添加。

尝试添加有一定硬度的辅食

大部分的宝宝在 7 个月开始出牙，此时，除了稀粥、软面条等较软辅食外，可以给孩子喂食馒头片、面包片、磨牙饼干等有一定硬度的食物。这样不但可以锻炼宝宝的咀嚼能力，还可以刺激牙床，促进乳牙的萌出。

每个宝宝的食量多少各不相同，妈妈不要追求标准食量，也不要与别的孩子作比较。只要宝宝各项生长发育指标正常，吃多吃少是个体差异，不必计较。

吃辅食慢的宝宝

有的宝宝一天吃两次辅食，总时间不超过1小时，而有的宝宝喂一次辅食就要花一个小时。对吃辅食慢的宝宝，不要为了多加一次辅食而花费大量的时间，因为这样就会牺牲一部分宝宝睡觉或活动的时间，非常不值得。

吞咽能力好的宝宝

如果宝宝吞咽能力较好，可以让宝宝自己拿着吃面包或饼干，这样既可以增加宝宝的进食兴趣，也可以锻炼宝宝的动手能力。

不喜欢吃辅食，喜欢喝奶的宝宝

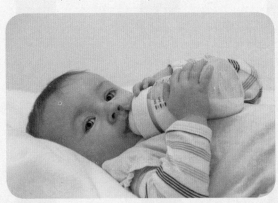

对于不喜欢吃辅食而喜欢喝奶的宝宝，在保证宝宝尝试辅食的基础上，可以让宝宝尽情喝奶。

既不喜欢吃辅食，也不喜欢喝奶的宝宝

对于此类宝宝，首先要衡量宝宝身体发育是否正常，如果不正常，要及时看医生。如果宝宝生长发育正常，可以按照宝宝的喜好和饮食量喂养。

不喜欢吃辅食的宝宝

初期添加辅食，不喜欢吃辅食的宝宝并不多。有的是刚开始不喜欢吃，有的是一段时间后不喜欢吃。无论出现何种情况，家长一定不要着急，要耐心对待，一点点尝试，尊重宝宝，不要急于求成，宝宝慢慢就会接受了。

本阶段宝宝对肉类食物的消化能力仍然比较弱，肉类食物可以尝试添加，但量一定要少，同时最好选用精瘦肉，切成肉泥后炖熟，肉汤中的油要去掉。比如肝泥、肉泥等。

在这个阶段，宝宝开始对自己动手进食产生兴趣，但由于手指还不够灵活，还不能顺利地将食物送进嘴里，妈妈可以采用半自助的方式教宝宝吃辅食。即在开始吃饭的时候，宝宝饥饿感较强，由妈妈来喂，同时给宝宝手里抓个小勺或小碗；待宝宝不饿了，可以在小碗里装一些食物，让宝宝自己吃，满足宝宝自己吃饭的要求。

宝宝精神好，辅食吃多吃少不必在意

许多妈妈对宝宝的喂养非常重视，阅读了许多有关婴幼儿喂养方面的书籍，她们在喂养宝宝时，近乎苛刻地严格按照书中列举的食物种类和量喂养宝宝，认为只有做到这一点，宝宝才不会缺失营养。本书中也详细列举了辅食的种类和量，但是，书中已经明确说明，列举的辅食的种类和量，仅代表种类的增加及数量的递增规律，是一个参考值。因为每个宝宝的食量不同，妈妈要根据自己宝宝的实际情况决定喂养的数量，以宝宝吃饱为准即可。

人们常形容此阶段宝宝的饭量"猫一天狗一天"，意思是，他（她）今天可能吃小半碗，明天可能只吃一小勺，这种表现都是正常的，只要宝宝精神状态良好，辅食吃多吃少不必在意。

吃菠菜能补血吗

铁是组成血红蛋白的主要物质，食用含铁量高的蔬菜对预防缺铁性贫血有帮助。有的父母认为，菠菜含铁量高，给孩子多吃菠菜，就能预防贫血。其实，这种认识是片面的。

研究表明，菠菜补铁的效果很差，因为它所含的铁属于非血红素铁，人体对它的吸收率很低。所以，依靠菠菜补铁基本是不太可能的。但是，菠菜中含有一定量的维生素 C，维生素 C 对于铁的吸收是有促进作用的，吃菠菜虽然不能达到直接补铁的作用，但是可以起到间接辅助的作用。

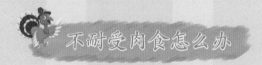

不耐受肉食怎么办

有的宝宝不耐受肉食，或出现过敏反应，或出现消化不良，有的宝宝对动物肝反应比较明显，吃一点就过敏，遇到这些情况，建议 10 个月龄以后再尝试添加肉类辅食。

给宝宝喂药可以预防疾病吗

有些宝宝的身体素质较差，父母担心宝宝生病，常会喂点儿药预防疾病，这种做法是错误的。因为宝宝的肝脏和肾脏还没有发育完全，肝脏的解毒功能和肾脏的排泄能力都很差，药物的解毒和排泄恰恰是在肝脏和肾脏中完成的。经常给宝宝喂药会影响宝宝的生长发育，而且药物积累在体内，很容易引起各种不适。

不要让宝宝在饭前吃零食

　　主食以外的饼干、点心、水果等都是零食。已经 7 个月大的宝宝，可以适当地吃一点零食了。但是，饭前吃零食会影响正餐的营养摄入，如果长期零食不断，宝宝的胃肠就得不到休息，负担过重，引起消化功能紊乱，从而导致食欲下降，甚至挑食厌食。专家建议，在饭前 1 小时，一定不要给宝宝吃零食。

　　7 个多月的宝宝处于口欲阶段，喜欢把任何东西放进嘴里，以满足心理需要。吃零食既可以在一定程度上满足宝宝的这种欲望，也能减少宝宝把不卫生的或危险的东西放进嘴里。

　　通常，正餐基本上是大人喂宝宝吃的，而零食是由宝宝自己拿着吃的，这对宝宝学习独立进食也是一种训练。但是，给宝宝的零食一定要适量，并且不要在饭前 1 小时进行，否则，不但会影响正餐，还会引发龋齿等疾病。

在添加辅食的过程中，许多妈妈发现孩子对某些食物特别容易接受，非常喜欢吃，但对另外一些食物则很反感，拒绝接受，这是很常见的情况。

为了给宝宝提供合理均衡的营养，我们需要不断提高宝宝的适应能力，逐渐纠正宝宝挑食偏食的情况。首先，我们要让宝宝经常吃到自己喜欢接受的食物，使他（她）对进食产生兴趣，然后对其不喜欢的食物，采取少食多餐的方法让其逐渐适应。

宝宝对外界环境的适应能力远远超出成年人的想象，只要妈妈对宝宝保持足够的耐心，坚持让宝宝多次尝试，偏食挑食的情况就会自然而然地得到缓解。

第五章 辅食添加第 2 阶段：7～8个月

如今，随着人们物质生活水平的提高，婴幼儿肥胖人群正在日益增加。众所周知，体重超标会增加日后患上其他非传染性疾病的风险，比如高血压、冠心病、糖尿病等。所以，预防宝宝肥胖应该从婴幼儿时期开始。

一般来说，引起宝宝肥胖的原因主要有以下几种情况：

蛋白质摄入过多是引起肥胖的主要原因之一。蛋白质摄入过多会刺激体内胰岛素分泌增多，促进宝宝身高、体重过度增长，同时也刺激脂肪细胞分化过度，形成肥胖的基础。所以，给宝宝添加辅食只要保证每餐中有蛋白质食物即可。一般来说，蛋和肉的比例以不超过进餐量的 1/4 即可。控制蛋白质的摄入量，可有效防止宝宝或成人期肥胖。

肥胖与运动量小有一定的关系。家长应督促宝宝多运动，尽可能多参加户外活动。

婴幼儿期添加辅食的类型不仅影响宝宝当前的营养状况，还可能影响其日后对食物的喜好。所以，早期引导孩子接受多种不同的味道，就能有效避免因偏食而造成的肥胖。

美味辅食做起来

黄瓜汁

● 食材

黄瓜半根。

● 制作

将黄瓜洗净、去皮，用礤床儿擦丝，再用纱布挤出汁液来即可。

● 功效

黄瓜富含水分、矿物质、果胶质及少量维生素，有清理肠道的作用。宝宝饮用，可清热利水、开胃润肠。

苹果泥

● 食材

苹果 1 个。

● 制作

将苹果洗净、去皮，用不锈钢勺刮成泥，直接喂给宝宝吃。

● 功效

苹果泥含有丰富的矿物质和多种维生素，宝宝经常吃苹果泥，不仅可以预防佝偻病，还有通便止泻的作用。

菠菜糊

● 食材

菠菜、米粉各适量，油少许。

● 制作

（1）菠菜在开水中焯一下，取出，切碎，打成汁。

（2）在菠菜汁中加入少许米粉，调成糊状。

（3）在锅中放少量水，等水开后将调好的糊倒入，边倒边搅拌，煮沸后淋上几滴植物油，再煮一会儿即可出锅。

● 功效

菠菜焯掉草酸后，所含的叶酸非常丰富，叶酸是脑部发育不可缺少的营养素。

猪肝泥

● 食材

猪肝50克，米汤2勺，油少许。

● 制作

（1）将猪肝洗净，煮熟，去筋。

（2）将熟猪肝剁成泥状。

（3）起油锅，放入肝泥清炒，加米汤煮一下即可。

● 功效

猪肝营养丰富，尤其含铁较多，有利于改善缺铁性贫血。

8～9 个月宝宝辅食添加表

谷类（克）	20～30
蔬菜（克）	10～15
水果（克）	10～15
蛋黄（个）	1/4
鱼/禽/畜肉（克）	5～10
水（毫升）	250～300
奶量与辅食量比例	6：4
新添食物性状	泥、糊
每天添加次数（次）	2

到第 8 个月龄，宝宝开始向幼儿期过渡，此时的营养非常重要，如果缺乏营养就会影响身高。在运动方面，8 个月的宝宝一般都能爬行了，爬行的过程中能自如地变换方向。

随着与外界的接触增多，宝宝开始随意地观察感兴趣的事物，并积极地用自己的眼睛了解周围的世界，眼睛和手的动作也较为协调。宝宝开始学着通过触摸、摇动、打击来探索物体，喜欢把物体从床边推落，然后观察其反应。

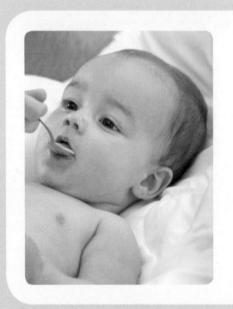

宝宝可以用拇指、食指、无名指捏住小东西。两只手可以同时抓住东西，还会把玩具从一只手换到另一只手上。

大多数的宝宝在这个月龄已经萌出了 2 ~ 3 颗门牙。

　　人体必需的微量元素有数十种，常见的有锌、铁、碘、硒等，人体对微量元素每天需要的摄入量甚微，一般在几十微克到几十毫克之间。只要饮食搭配得当、均衡，食物中的微量元素就可以满足需要，正常情况下不需要额外补充。

　　锌是人体生长发育、生殖遗传、免疫、内分泌等重要生理过程中不可缺少的元素。对于锌的摄入量，0~5个月的宝宝每天为1.5毫克，6～12个月的宝宝每天为8毫克。

　　锌的主要食物来源有牡蛎、扇贝、动物肝、禽肉、瘦肉、豆类、海带、坚果等。如果宝宝有明显的缺锌症状，需要在专业医生指导下补充锌剂。

　　碘是人体必需的微量元素，人体中80%的碘存在于甲状腺中，碘的生理功能主要通过甲状腺激素表现出来，不仅对调节机体物质代谢不可或缺，对机体的生长发育也非常重要。如果怀疑宝宝缺碘，千万不要盲目使用药物补碘，最好到医院检查，在医生指导下补充碘制剂。

　　硒是维持人体正常生理功能的重要微量元素。一般来说，母乳中硒的含量基本能满足宝宝的生长发育。硒的主要食物来源有猪肾、鱼、虾、羊肉、牛肉等。

本阶段辅食添加要点

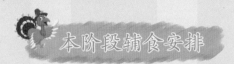

本阶段奶量与辅食的量比例是6:4。辅食每天添加2次,上午、下午各一次。米粉逐渐增加到每天30克,蔬菜和水果都增加到15克,肉类食物可增加到10克。辅食的量应根据宝宝的食量而定,不可强迫宝宝吃。

一般来说,添加蛋黄的时间从第8个月龄开始。

添加蛋黄的前提是小儿没有过敏史,如果小儿患有过敏性疾病,或对某些食物或药物有过敏史,添加蛋黄的时间就可以推迟或暂时不添加。如果父母亲有过敏史,也可以适当推迟小儿添加蛋黄的时间。对于明确蛋黄过敏的宝宝,停止食用鸡蛋黄至少6个月后才能再次添加。对牛奶蛋白过敏的宝宝,更要严格地将添加蛋黄的时间控制在8个月龄以后,这样可减少过敏发生的可能性。而鸡蛋清要等到1岁后才能添加。

添加蛋黄的具体方法是:将鸡蛋煮熟,取出蛋黄,用水或奶液调成泥糊状进行喂食。一般从1/4个开始尝试,然后逐渐增加到每天半个,以后随月龄增加逐渐增加到1个。

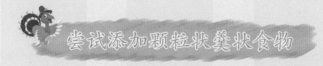

几种辅食可以搭配在一起喂

　　从这个月开始，可以把几种曾经喂过且没有过敏反应的食物搭配在一起喂，以减少喂辅食的次数。食物中谷物、蛋肉、果蔬的比例是5∶3∶2。这里所说的搭配在一起，不是将多种辅食搅拌在一起喂，而

是让宝宝吃一口粥，再吃一口菜，再吃一口肉，让宝宝嘴里的味道不断变化，以增加宝宝对食物的兴趣。

尝试添加颗粒状羹状食物

　　本阶段可尝试添加颗粒状羹状食物。颗粒状羹状食物是指液体与固体颗粒结合的食物，与稀米粥或碎果粒饮料一类的食物类似。同时，继续喂蔬菜泥和水果泥，米粉继续以糊状喂食，肉蛋类以泥状喂食。

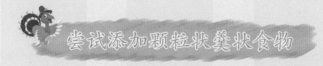

第六章　辅食添加第2阶段：8～9个月

蔬菜不能代替米粉

很多家长认为孩子即使少吃米粉，也不能少吃蔬菜，担心孩子缺维生素。每餐中米粉只有一两勺，蔬菜至少占了一半，另外还加了肉和鸡蛋。这样喂养看似孩子胃口好，进食多，可体重增长缓慢，原因是辅食中产生能量的成分不足。

婴儿饮食中最为重要的是蛋白质、脂肪和碳水化合物，其中含碳水化合物的食物最容易被孩子吸收利用。如果进食中以碳水化合物为主的主食过少，少于进食量的一半，

或者主食过稀，就会导致碳水化合物摄入不足，不利于婴儿的生长发育。

可与大人一起进餐

大多数的宝宝都喜欢人多热闹的场合，并且愿意与大人一起进餐，如果你的宝宝有这方面的倾向，那就将辅食时间安排在一日三餐时间。需要注意的是，宝宝不能吃成人食物，必须单独做适合宝宝的食物。

适当吃点粗纤维食物

粗纤维主要存在于各种粗粮、蔬菜和豆类食物中。通常情况下，含粗纤维的粮食有玉米、豆类；含粗纤维较多的蔬菜有油菜、韭菜、芹菜等。粗纤维与其他人体所必需的营养素一样，对宝宝的生长发育不可或缺。除此之外，粗纤维对宝宝还有以下好处。

有助于牙齿发育

吃粗纤维食物时，需要反复咀嚼才能吞咽下去，咀嚼过程便锻炼了咀嚼肌，有利于宝宝牙齿的发育。另外，经常有规律地给宝宝咀嚼适当硬度、弹性及纤维素含量高的食物，还可以清洁牙周附着的食物残渣，从而起到预防龋齿的作用。

可防止便秘

粗纤维能促进肠蠕动、增强胃肠道的消化功能，从而增加粪便量，防止宝宝便秘。同时，粗纤维还可以改变肠道菌群，稀释粪便中的致癌物质，有预防大肠癌的作用。

第六章 辅食添加第 2 阶段：8～9 个月

转移宝宝对乳头的依恋

随着月龄的增加，宝宝吮吸乳头已经不单是解决温饱问题了，还有对妈妈乳头的依恋。对于宝宝来说，躺在妈妈的臂弯，吮吸着妈妈的乳头已经成了一种情感需求。但是，为了日后顺利断奶做准备，妈妈要有计划地转移宝宝对乳头的依恋。

如何转移呢？妈妈可以通过与宝宝做游戏、聊天等活动，减少宝宝对乳头的关注。

当然，转移宝宝对妈妈乳头的依恋，不等于减少母乳喂养量。坚持母乳喂养，也不等于孩子断不了母乳。这一点，妈妈一定要分清楚。

月龄增长，辅食量不一定增加

通常情况下，随着月龄的增长，宝宝的食量也会有所增加。但是，这一规律并不适合所有的宝宝。有的宝宝也许吃辅食和吃奶量都不如以前了，有的宝宝开始挑食，有的宝宝开始不爱吃奶。遇到这种情况，妈妈首先确认宝宝是否生病了，如果没有生病，妈妈就不必担心，也不可强行喂食，顺其自然，过一段时间后，宝宝的食量就会逐渐增加。

不要强迫宝宝吃不喜欢的食物

随着月龄的增长，宝宝对食物有了选择，并且自作主张，对不喜欢的食物不吃或吐出来。面对宝宝这种挑食的表现，许多妈妈总是千方百计地让宝宝吃不喜欢的食物，殊不知，这种做法是错误的。对此，有的妈妈却不理解，其理由是：这种食物非常适合宝宝的营养需求。看起来理由似乎很充分，真的是这样吗？

注意，这里所说的是妈妈处理宝宝挑食的方式是错误的，如果妈妈长期这样对待宝宝挑食，其后果是严重的：宝宝主观不接受这种食物，却无法拒绝妈妈喂食，这让宝宝很恼火，接下来，宝宝能做的就是再次拒绝食物，甚至拒绝所有食物，长期如此，甚至发展为心因性厌食。

正确的做法是：妈妈不要想方设法地把宝宝拒绝吃的食物喂到嘴里，而是应该想办法做宝宝想吃的食物。比如，更换不同的食谱，允许种类相同，但做法一定要改变。

辅食与大便

大便颜色与食物种类有关。吃有色蔬菜和有色谷物时，宝宝大便的颜色会发生相应改变。吃绿色蔬菜时，大便会发绿；吃西红柿时，大便发红；吃动物肝或血时，大便呈现黑红色或深褐色。

大便性质也与食物有关。吃纤维素含量高的食物时，大便会变软或不成形；吃较多肉类食物时，大便可能会发干，等等。对于这些常识，妈妈要有所了解，不要一出现大便改变就带孩子去医院检查。

妈妈可以根据宝宝的表现来做适当的调整。如果给宝宝喂食稍微粗糙的食物后，宝宝可以顺利吞咽，并且大便里看不到大块的未消化物，则说明宝宝的肠胃可以接受这种程度的食物。在以后的日子里，随着宝宝的成长发育，食物的质地会越来越粗糙，越来越多样化，妈妈都可以用这种方法来判断宝宝的肠胃是否可以接受。

鱼肉过敏怎么办

过敏体质的宝宝吃了鱼肉可能会出现过敏反应，比如起湿疹或原有湿疹加重，出荨麻疹，还可能出现腹泻或呕吐。

添加鱼肉后，妈妈要密切观察，一旦发现过敏情况，要立即停喂。等到第10个月龄再尝试，如果那时还过敏，就等到1岁以后再喂。

宝宝抓食物怎么办

　　很多妈妈觉得不应该让宝宝用手抓食物，那样不卫生。其实，让宝宝用手抓食物，会让宝宝的手变得灵活，并能为宝宝1岁左右学会自己用匙吃饭做好准备。

　　如果他（她）愿意用手抓，就让他（她）自由地抓着吃好了，只要提前把他（她）的小手清洗干净即可。妈妈不要因为孩子把一切弄得乱七八糟而生气。对宝宝来说，吃饭就是和他（她）喜欢的食物做游戏，在游戏的过程中感觉、捣碎、涂抹及品尝食物。

专家提示

　　当宝宝练习自己抓取食物时，家长一定要在他（她）身边照看，并且确认在他（她）躺着时嘴里没有食物，以免卡到喉咙而发生危险。

不要过量补钙

　　如今，许多家长在给孩子补钙方面存在诸多误区，过量补钙、重复补钙、大量服用维生素 D……这些做法不仅影响儿童胃口，还会让宝宝患上便秘。儿科专家指出，宝宝补钙一定要适量，最好不要轻易给孩子专门补钙。如果怀疑孩子缺钙，一定要在专业医师的指导下进行。

不可让添加辅食占用宝宝户外活动的时间

　　添加辅食不可占用宝宝户外活动的时间，因为坚持户外活动可以增加日光的照射，补充宝宝体内的维生素 D。另外，即使在寒冷的冬季，也要到户外活动，这样才能使宝宝的呼吸道能够抵御寒冷刺激，不易患呼吸道疾病。

枣汁

● 食材

红枣 10 ～ 20 个。

● 制作

（1）将干红枣泡入水中1小时，新鲜红枣只需清洗干净。

（2）将红枣捞出放入碗中，放入蒸锅里蒸20分钟左右。

（3）将碗内的红枣汁倒入杯中，晾凉后即可饮用。

● 功效

红枣含有蛋白质、脂肪、维生素 A、维生素 C、多种氨基酸等丰富的营养成分。其中，维生素C的含量高于其他食物。对于宝宝来说，吃红枣能增强身体免疫力，保护肝脏。

蛋黄泥

● 食材

鸡蛋 1/2 个，水或奶 2 勺。

● 制作

（1）将鸡蛋煮熟，取出放入凉水中，剥皮，取一半蛋黄。

（2）将蛋黄中加入温开水或奶，用勺调成泥状即可。

● 功效

鸡蛋性味甘平，具有养心安神、滋阴补血的功效。

黑米糊

● 食材

黑米半杯。

● 制作

（1）将黑米磨成粉，待锅中水烧开后，加入黑米粉。

（2）用小火煮 4～6 分钟，随煮随搅拌，使之不成块，如果太稠，可以再加水调到适当的稠度。

● 功效

用黑米熬制的米糊清香油亮，软糯适口，营养丰富，具有滋阴补肾、健脾暖肝、补益脾胃、益气活血、养肝明目等功效。

肉泥粥

● 食材

里脊肉或排骨肉 10~20 克。

● 制作

（1）将里脊肉或排骨肉洗净，锅内放入少许水，煮 5 分钟后取出，切成小丁，在榨汁机中打成泥。

（2）将肉泥放在煮好的粥里，再煮一会儿，煮好后即可食用。

● 功效

肉泥含有丰富的蛋白质、脂肪、钙、磷、铁、碳水化合物、B 族维生素等营养成分，对防治宝宝缺铁性贫血有较好的作用。

第七章 辅食添加第3阶段

9～10个月

9～10个月宝宝辅食添加表

谷类（克）	30～50
蔬菜（克）	15～20
水果（克）	15～20
蛋黄（个）	1/2
鱼/禽/畜肉（克）	10～15
水（毫升）	250～300
奶量与辅食量比例	5：5
新添食物性状	泥、糊、颗粒、羹状
每天添加次数（次）	2

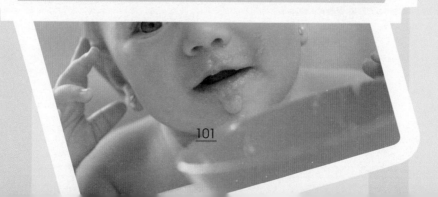

　　进入 9 个月，宝宝已经能够独自坐一会儿了，但是长时间地保持平衡对宝宝来说还是有些难度，所以宝宝坐的时间不会太长，大概在 10 分钟左右就要换一个姿势。他（她）已经不再满足于会爬，而是开始站起来学习走路。大人扶着的时候能站立一会儿，能抓住栏杆站起，能够扶物站立，双脚横向跨步。不管爬着走还是由妈妈拉着双手走，宝宝的动作已经比较熟练了。

　　9 个月的宝宝想了解一种东西的时候，不再把它放进自己的嘴里，而是用手去探索它。比如，宝宝喜欢用食指抠东西，如抠桌面、抠墙壁。这是他（她）探索世界的一种表现。宝宝能用拇指、食指夹住比较小的东西，会从抽屉中取出玩具，并学会了用手指指东西。在这个时候，勺子对宝宝有特殊的意义，不仅可以作为敲鼓的鼓槌，还是宝宝自己往嘴里送食物的好帮手。

　　在第 9 个月里，宝宝的视觉和听力发展有了很大的进步。当玩具从宝宝能看得见的地方掉在地上，或别人把宝宝视线范围内的玩具拿走，宝宝能转过头到处找，或者长时间看着玩具掉下去的地方。听到声音的时候，宝宝开始学会倾听，而不是立即寻找声音的来源。虽然还不会说话，宝宝已经能连续地发出不同的声音，并会用不同的声调模仿大人们的发音。

　　到这个月，大多数宝宝会萌出 2 ~ 4 颗牙齿。

　　钙是人体内含量最多的矿物质，大部分存在于骨骼和牙齿之中。钙和磷相互作用，制造健康的骨骼和牙齿；钙和镁相互作用，维持健康的心脏和血管。

　　一般来说，6个月以内的宝宝每天需要300毫克钙；7～12个月的宝宝每天需要400～600毫克钙。钙的补充一定要听从医嘱。钙的来源主要有海产品、豆制品、奶类、蛋类、蔬菜等。

本阶段辅食安排

奶量与辅食的量比例为5∶5。辅食的性状为泥糊状、颗粒羹状。辅食中谷物、果蔬、蛋肉的比例为2∶1∶1。饭、菜、肉可合并一餐喂，每天两次。水果单喂，每天两次。

单一食品种类达10种。米粉逐渐增加到50克，蛋黄可增加到半个，蔬菜和水果都增加到20克，肉类增加到15克。

本月新增辅食有虾肉、血豆腐、豆腐。

两次辅食可代替一次奶。

能吃软固体食物了

随着月龄的增加，宝宝咀嚼和吞咽的能力增强，妈妈可以尝试着给宝宝吃一点固体食物。当然，固体食物一定要选择软一点的，容易咀嚼和吞咽的，比如包子、饺子、软米饭等。

能吃的辅食种类增加了

这个月宝宝能吃的辅食种类增多了，几乎能吃所有的谷物和蔬菜，肉蛋也基本能吃了。宝宝能吃的食物种类增加，妈妈要注意食物的合理搭配。

每天添加的食物种类为：谷物2种，蔬菜3种，蛋1种，肉1种，水果2种。

每天必须提供的食物：谷物、蔬菜、水果、蛋、肉、奶。

每周提供：动物肝1次、鱼1次、虾1次、鸡肉2次、猪肉1次、牛肉1次、豆腐2次。

可以使用小勺练习吃饭

本阶段，宝宝手的精细运动能力已经很强，可以训练他（她）自己使用小勺吃饭。对于这一点，许多父母可能无法接受。因为让孩子自己吃饭就意味着会把饭菜弄得到处都是。但是，如果仅仅因为这一点就不给孩子自己吃饭的机会，就会抹杀孩子自己动手的积极性。

妈妈需要了解的事情

喂养不是饲养

喂养的过程是与孩子培养感情的过程。随着孩子年龄的增长，宝宝对父母的依恋程度日渐增加。如果是全职妈妈，还可以抽出时间给孩子做辅食，如果是上班族妈妈，本来就与孩子接触的时间较少，如果再将下班时间花费在辅食制作上，就有点得不偿失了。工作日期间，妈妈可以购买一些现成的辅食给宝宝吃，节假日再给宝宝做辅食。因为，养育孩子同样需要满足孩子的情感和精神需求，否则，我们就不是在喂养孩子，而是在饲养孩子。

营养品不等于食物

有的家长担心食品安全问题，尽可能少给宝宝添加食物，而用营养品或补充剂来弥补；有的家长被市场上的婴幼儿营养品所吸引，比如，把孩子的成长依托于补充"蛋白粉""牛初乳"等营养品上；还有一些家长在给孩子补充从国外购买的微量元素补充剂。

我们暂且不论市场上的营养品和补充剂营养价值是否有效，但有一点可以确定，就是这些营养品中都含有添加剂、防腐剂。家长给孩子添加的补充剂种类越多，孩子吃的添加剂和防腐剂也会越多。

其实，摄入营养的最佳途径是食物，食物中的营养素含量和种类肯定要比营养品或补充剂好得多。

宝宝不爱吃菜的原因

宝宝之所以不爱吃蔬菜，是因为初期添加蔬菜时，大多是菜汁、菜泥，此类辅食多为原汁原味，那时宝宝的月龄比较小，对饮食的好恶不明显，自然可以吃这些蔬菜。随着宝宝个性化的发展，对食物有了好恶，所以，他（她）开始不喜欢蔬菜的味道了。

如何让宝宝爱上吃菜

怎样让宝宝爱上吃菜呢？妈妈可以改变蔬菜的烹饪方法，给宝宝炒碎菜或炖菜，也许宝宝会喜欢。也可以把蔬菜做成丸子、饺子，换一种新鲜花样，宝宝也许会喜欢。只要妈妈想办法，总能找到一种让宝宝吃菜的好方法。

宝宝不爱吃水果怎么办

有的孩子不愿意吃水果，这是因为宝宝不喜欢水果的酸甜味，妈妈可以选择酸甜味较淡的水果，比如火龙果、椰子等。如果宝宝什么水果都不吃，可以适当增加蔬菜的摄入量。

人们常说："要想小儿安，三分饥与寒。"意思是要确保婴幼儿平安健康，就不能给孩子吃得太饱，穿得太暖。这句话有一定的科学道理。吃得过饱、穿得过暖容易导致小孩儿生病。

现实的情况是，许多家长总担心孩子营养不够，即使孩子已经吃饱了，依然一个劲儿地"威逼利诱"，让孩子多吃点。小孩儿的脾胃比较虚弱，吃得太多易导致消化不良，会引起腹痛、便秘等疾病。东汉思想家王符在《潜夫论》里说："小儿多病伤于饱。"因此，虽然小孩儿需要多种营养，却不能多吃，一般只吃到七八分饱就可以了。

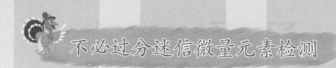

不必过分迷信微量元素检测

许多家长都关心何时给宝宝进行微量元素检测，因为家长担心孩子会缺什么，怕影响孩子的生长发育。

其实，家长希望通过微量元素检测孩子体内营养状况存在一定的误区。只有通过静脉抽血检测的微量元素才能反映血清含量，通过手指取血会有组织液混入，结果不能代表血液水平。即便静脉抽血获得的微量元素值，也只是血液水平，不代表相应的组织内含量。

所以，只要孩子生长发育正常，没有必要检测微量元素。如果孩子生长发育过快或过慢，应该由保健医生评价进食状况和发育状况，寻找原因，及时调整。

孩子的生长发育主要依赖于蛋白质、脂肪、碳水化合物等，生长异常也不是微量元素缺乏所致。所以，关心微量元素检测，不如关注孩子的营养是否均衡。

红薯泥

● **食材**

新鲜红薯1/4个（约50克），水适量。

● **制作**

（1）将红薯洗净去皮，切成小块，放到锅里煮或蒸15分钟。

（2）把做好的红薯用小勺压成泥即可。

● **功效**

红薯富含糖类、膳食纤维、胡萝卜素、钾、铁、铜、钙以及多种维生素，可以帮助宝宝补充多种营养素。

山楂糊

● **食材**

新鲜山楂50克，冰糖少许。

● **制作**

（1）将山楂清洗干净，去核，放到盛有清水的汤锅中煮成糊状，期间加入少许冰糖。

（2）用筷子挑出山楂皮，用小勺把果肉研成泥即可。

● **功效**

山楂中所含的钙和胡萝卜素非常丰富，还含有酒石酸、柠檬酸、苹果酸等有机酸和维生素C等多种营养成分，具有开胃消食、活血化瘀、平喘化痰的食疗作用，很适合宝宝食用。

虾泥

● 食材

新鲜的河虾或海虾 50 克，米粉 25 克。

● 制作

（1）把虾去头去壳，用牙签挑出虾线（避免腥味），清洗干净后，剁成碎末，放入碗中。

（2）在碗中加入米粉和适量水，搅拌均匀上笼蒸 10 分钟即可。

● 功效

虾含有丰富的优质蛋白质、脂肪、多种维生素以及磷、钙、铁等营养成分，具有补肾益气的功效，有利于宝宝健康成长。

鱼泥

● 食材

净鱼肉 50 克，水 100 毫升。

● 制作

（1）将鱼肉洗净，加水清炖 15 ~ 20 分钟。

（2）鱼熟透后去皮和刺，用小勺压成泥状。注意一定要细心，将鱼刺剔除干净。

● 功效

鱼泥可提供丰富的动物蛋白、B 族维生素等，有助于增强宝宝的抵抗力，促进其生长发育。

鸭血豆腐汤

● 食材

鸭血块 20 克，嫩豆腐块 20 克，新鲜菠菜叶 20 克，枸杞子 5 粒，高汤适量。

● 制作

（1）将菠菜叶洗干净，放入开水中焯 2 分钟。

（2）鸭血和豆腐切成薄片，枸杞子淘洗干净。

（3）在砂锅中放入适量高汤，再放入鸭血、豆腐、枸杞子，用小火炖 30 分钟左右。

（4）放入菠菜，再煮 1～2 分钟即可。

● 功效

鸭血中铁的利用率为 12%，是宝宝补血食谱不能缺少的食材之一。鸭血还具有清洁血液、解毒的功效，能代谢

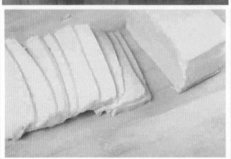

出宝宝体内的重金属（如铅、铜等），还可以清除被毒蚊虫叮咬后的余毒及防止药物中毒，保护宝宝的肝脏不受有毒元素的伤害。

第八章 辅食添加第3阶段

10 ～ 11 个月

10 ～ 11 个月宝宝辅食添加表

谷类（克）	50 ～ 80
蔬菜（克）	20 ～ 30
水果（克）	20 ～ 30
蛋黄（个）	3/4
鱼 / 禽 / 畜肉（克）	15 ～ 20
水（毫升）	300 ～ 400
奶量与辅食量比例	4：6
新添食物性状	半固体
每天添加次数（次）	2

本阶段宝宝稍微扶着点东西就能站立了，同时，学习迈步也进入了尝试阶段。此时，宝宝还学会了在穿裤子时伸腿，用脚蹬去鞋袜，并能熟练地用拇指和食指配合捡起地上的小东西。

宝宝认识的物品渐渐多起来，能根据名称指出相应的物品，并喜欢玩藏东西的游戏。发现了新的玩具，宝宝会不停地摆弄，表现出强烈的好奇心。

宝宝能有意识地发出单字的音，有意识地叫爸爸妈妈，还会模仿某些声音和动作。如果大人表扬或是批评他，宝宝已经懂得了这两者之间的区别。宝宝还懂得"欢迎"和"再见"的意思，并能用相应的动作来表示。

这一阶段，宝宝经常能自得其乐地坐着玩一会儿。他（她）可以观察到妈妈和他（她）是两个分离的个体，能在镜子里分辨出妈妈和自己的影像不同。当妈妈不安或沮丧时，宝宝也会受到影响，变得不高兴；当妈妈高兴时，宝宝也变得很兴奋。如果看到别的宝宝在哭，宝宝会尝试地去安慰他（她）。但是，当别的宝宝想分享他（她）的玩具时，宝宝会表现出明显的占有欲。

维生素是宝宝身体发育必不可少的，其中维生素 A、维生素 C、维生素 D、维生素 E 尤为重要。

维生素 A 是脂溶性物质，可以储存在体内。维生素 A 有两种：一种是维生素 A 醇，是最初的维生素 A 形态，只存在于动物性食物中；另一种是 β—胡萝卜素，在人体内可以转变为维生素 A，从植物性和动物性食物中都能摄取。维生素 A 的主要来源有鱼肝油、肝、蛋黄、深绿色有叶蔬菜等。1 岁以内宝宝维生素 A 的日需要量为 400 微克，不可超量，服用维生素 A 制剂需要在医生指导下进行。

维生素 C 是水溶性物质，富含维生素 C 的食物很多，如猕猴桃、枣、草莓、山楂、荔枝、葡萄等。所以，正常喂养的宝宝基本能获得足够的维生素 C。0~6 个月宝宝需要量为 0.2 毫克，7~12 个月宝宝需要量为 0.3~0.6 毫克。

维生素 D 是一种脂溶性物质，存在于部分天然食物中。宝宝对维生素 D 的需求量很大，每日需要量为 8.75~13.75 微克。天然的维生素 D 来源有鱼肝油、鱼子、蛋黄、奶类等，另外，经日光中紫外线的直接照射后，人体内的胆固醇也能转变为维生素 D。所以，宝宝多到户外晒太阳，吃一些富含维生素 D 的食物，可以预防佝偻病。

维生素 E 是一种具有抗氧化功能的维生素，对宝宝来说，维生素 E 对维持机体的免疫功能、预防疾病起着重要作用。0~6 个月的宝宝维生素 E 的每日需要量为 3 毫克，7~12 个月的宝宝每日需要量为 4 毫克。维生素 E 的主要来源有各种植物油、绿色蔬菜、奶油等。

本阶段辅食添加要点

本阶段辅食安排

　　奶量与辅食的量比例是 4：6。辅食可添加半固体食物，尝试添加软固体食物。每天 2 次，接近大人午餐和晚餐的时间。单一食品数量 10 种以上。水果每天 2 种，分 2 次吃。喝水 3 次，每天喝白开水 300 ~ 400 毫升。

　　米粉逐渐增加到 80 克，整蛋 1 个，蔬菜和水果分别增加到 30 克，肉类可增加到 20 克。

　　从这个月开始，养成整顿添加辅食的习惯。固定喂辅食的时间，每顿辅食都要有谷物、蔬菜、蛋或肉，水果作为加餐单独喂。

宝宝饮食有个性，不要与别的孩子比

宝宝这个月最突出的问题是，饮食个性化突出。比如，从饭量来说，有的宝宝能吃 1 碗，有的则吃几勺；从辅食种类来说，有的宝宝喜欢吃菜，有的喜欢吃面食；从辅食质地来说，有的宝宝爱吃半流食，有的爱吃半固体食物，等等。

以上种种都是孩子的正常表现。因为家庭与家庭间存在着差异，家庭成员也存在个人差异，宝宝之间也如此，彼此存在共性，也有自己的个性，并且随着月龄的增长，个性化会越来越强。所以，父母不必要求自己的孩子的个性与其他孩子一致，父母要认识到宝宝间存在着差异性，不要与其他孩子比这比那。

身体发育正常是衡量喂养的重要指标

无论孩子出现怎样的表现，最主要的抓住一个问题，即喂养的目的是保证宝宝正常的生长发育。包括身高、体重、头围、肌肉、骨骼、皮肤等可以看到的指标，还有专业机构提供的营养指标，如果这些指标都在正常范围内，说明你的喂养方案就是成功的。

养成进食不说笑的好习惯

此时的宝宝正是咿呀学语的阶段，但在吃饭或喂食的时候，一定不要逗引宝宝说笑，否则食物有可能呛入气管，造成危险。

别把吃饭当作一种交易

以下情形在许多家庭时常上演：

妈妈追着孩子吃饭，并且对孩子说，只要把这勺饭吃了，妈妈就会给孩子某种奖励。这种做法是非常不恰当的。

把吃饭当成一种交易，这种做法容易让孩子把吃饭当作筹码，长期如此，就会助长孩子的不良饮食习惯，甚至导致厌食。吃饭本应该是对美味食品的品尝，是一种享受，追着孩子吃饭，只能让孩子对食物感到厌烦。即便偶尔吃下去几口，孩子也会食而不知其味。这种做法不但影响孩子的食欲，也不利于孩子的消化吸收，更不利于良好的进餐习惯的养成。

父母的食欲就是孩子的胃口

有些营养丰富的食物在味道上可能不容易被宝宝接受，此时，爸爸和妈妈的示范作用就非常重要了。比如，有的宝宝不爱吃蔬菜，但是当爸爸妈妈大口吃着蔬菜时，他（她）就会有兴趣尝试一下。如果宝宝依然不吃，可以在下次换一种做法，并且吃给宝宝看，慢慢地他（她）就会接受这种食物。

锻炼宝宝独立生活的能力从吃开始

孩子在各方面的潜能都是惊人的。所以，父母应该放手给孩子更多自己动手的机会，比如，自己拿勺吃饭，自己用杯子喝水等，这样不但锻炼了孩子独立生活的能力，还激发了孩子吃饭的兴趣，有了兴趣才能刺激食欲。

不要养成挑食的习惯

挑食的孩子很多，不挑食的孩子却很少。可以说，每个孩子都有饮食偏好，而且往往与父母的饮食偏好近似。所以，父母要以身作则，给孩子树立榜样。如果孩子已经出现了偏食，妈妈不要强迫孩子吃不爱吃的食物，而是要尝试改变烹饪方法，改变饭菜味道，在不知不觉中纠正孩子偏食的习惯。

不要养成追着喂饭的习惯

许多家长总认为孩子吃得少，成天跟在孩子身后追着喂，结果越是追着喂，孩子就越不爱吃饭。追着孩子喂饭不仅浪费时间，还无法让孩子形成规律的饮食习惯，甚至会弄坏孩子的脾胃。

其实，纠正这个坏习惯并不难，只要家长有决心。比如，到了吃饭的时间，孩子不肯好好吃饭，或者只顾贪玩而不吃时，家长可以索性随他去，同时对孩子表明：吃饭的时间不吃饭，等会儿饿了是没有东西吃的，要吃只有等到下次开饭的时间。如果家长真的能够做到这一点，就完全可以改掉这个坏习惯。

119

添加辅食不当，容易导致皮肤发黄

儿科专家发现，给孩子添加辅食不当，容易引起皮肤发黄的现象。临床症状表现为手心、脚心发黄，全身皮肤发黄，但白眼球不发黄，进食和生长均无异常，肝功能检查全部正常。

这究竟是怎么回事呢？研究发现，这种症状与孩子平时吃的食物有关。许多家长都认为胡萝卜、南瓜、红薯、木瓜等食物营养丰富，就每天都给孩子吃这些食物，但这些食物容易造成皮肤黄染，这是典型的食物色素造成的皮肤发黄。孩子只要减少摄入此类食物，沉着于皮下的色素会逐渐被代谢掉，不会有遗留问题。所以，家长在给孩子选择食物时要尽量多样化。

喝奶少的宝宝要多添加蛋肉

本阶段宝宝几乎能吃所有种类的食物了，但比例与成人不同。从多到少的排序依次是：乳类、谷物、蔬菜和水果、蛋肉等。而成人从多到少的排序依次是：谷物、蔬菜和水果、蛋肉、奶类等。

对于喝奶少的宝宝来说，就要适量增加蛋肉的量了，以保证食物的多样性和营养的均衡。

西红柿糊

● 食材

西红柿2个。

● 制作

（1）将熟透的西红柿用叉子叉好,放入开水中烫一下,立刻取出。

（2）将西红柿去皮、去籽,其余部分捣碎呈糊状即可。

● 功效

西红柿营养价值很高,含有多种维生素,这些维生素和其他营养成分几乎毫无损失,就能让宝宝吸收。西红柿中还含有大量果酸,对维生素C具有保护作用。

梨糊

● 食材

梨1个。

● 制作

（1）将梨去皮去核,切碎,放入碗中,放到蒸锅中蒸熟。

（2）用勺子将蒸熟的梨压成糊状即可。

● 功效

梨糊不仅能补充维生素和矿物质,还对咳嗽的宝宝有辅助治疗的作用。

鱼菜米糊

● 食材

米粉、鱼肉和青菜各 15~25 克。

● 制作

（1）将米粉加入适量清水浸软，搅成糊，入锅，旺火烧沸约 8 分钟。

（2）将青菜、鱼肉洗净后，分别剁成泥，一起放入锅中，煮至鱼肉熟透，与煮熟的米粉混匀即可。

● 功效

此辅食可提供动物和植物蛋白、碳水化合物、B 族维生素、维生素 A、维生素 C、维生素 D 等营养素。

蒸嫩丸子

● 食材

精肉馅（最好是猪瘦肉）60 克，青豆粒 8 颗，水少许，淀粉适量。

● 制作

（1）青豆粒煮烂，取出，放入肉馅中，加入适量淀粉。

（2）搅拌均匀。如果使用的是人工搅拌筷，最好按照同一方向搅拌，直到肉馅有弹性。

（3）肉馅搅拌均匀后，将其分成大小均匀的肉团。

（4）将肉团入蒸笼，以中火蒸 1 小时以上即可。

● 功效

此辅食可为宝宝提供蛋白质、脂肪、维生素 A、维生素 E 等营养素。

第九章 辅食添加第4阶段

11～12个月

11～12个月宝宝辅食添加表

谷类（克）	80～100
蔬菜（克）	30～40
水果（克）	30～40
蛋黄（个）	1
鱼/禽/畜肉（克）	20～30
水（毫升）	300～400
奶量与辅食量比例	3：7
新添食物性状	软固体
每天添加次数（次）	2

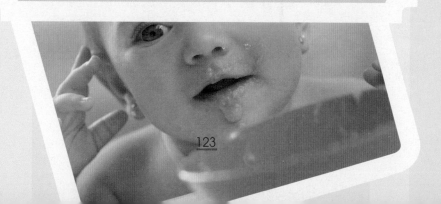

　　本阶段宝宝体重增长得很慢，身体却长高了，胸围也开始追上了头围，总体上给人的感觉是变苗条了。

　　宝宝已经可以自己扶着东西站起来，并能单独地站一会儿，因此，你可能发现宝宝不喜欢大人抱了，开始喜欢上了自己玩。由于腿部力量的增强，宝宝既可以从站姿蹲下，也可以从坐姿站起来，还会在大人的帮助下迈步爬楼梯。随着手指肌肉的发展，宝宝拿东西的动作更加熟练，喜欢到处翻东西。这个时候，宝宝已经会翻质地较硬的书页，会把自己看中的东西装到一个容器里，然后再拿出来。开始对盒子、瓶子的盖子感兴趣，并尝试打开它们。

　　这个阶段宝宝觉得家里的东西比玩具更有吸引力，因而好奇地到处探索，还会拿起笔到处乱画。

　　宝宝对语言的理解力也进一步提高，已经能按照简短的命令行事，并会说"不"。听到大人们说话，宝宝会不断地模仿，还会学小狗或小猫的叫声。有时候，宝宝会自言自语地说话，那是他（她）在练习自己学到的声音和语言，最好不要打断他。

　　这个阶段，宝宝会长出 2～4 颗门牙，总数达到 5～7 颗。

本阶段是宝宝身体发育较快的时期，需要更多的碳水化合物、脂肪和蛋白质。

碳水化合物能为宝宝的身体提供热量。1岁以内的宝宝每日每千克体重需要12克碳水化合物。碳水化合物的主要来源有谷物和水果、蔬菜。

脂肪的主要功能是供给热量及促进脂溶性维生素 A、维生素 E、维生素 D、维生素 K 的吸收，减少热量散失，保护脏器不受损伤。脂肪提供的热量占每日总热量的35%～50%。脂肪的主要来源是肉类、蛋类、坚果等。

宝宝的生长发育较快，不仅修复机体组织需要蛋白质，而且生长发育也需要蛋白质。宝宝每日由蛋白质提供的热量占每日总热量的8%～15%。蛋白质由20多种氨基酸组成，其中9种氨基酸是宝宝身体生长发育所必需的。蛋白质的主要来源是奶、蛋、鱼、瘦肉等。

所以，合理的膳食结构和饮食多样化可有效保证宝宝的营养均衡。宝宝辅食中每顿都要有粮食、蔬菜、蛋和肉，三者比例各占 1/3 即可。

第九章 辅食添加第 4 阶段：11～12 个月

本阶段辅食添加要点

本阶段辅食安排

奶量和辅食的量比例是3∶7。辅食每天2次，可上午1次，下午1次，或者下午1次，晚上1次，要根据宝宝的实际情况而定。单一食物种类达15种。水果每天2种，分2次吃。喝水3次。到11个月末期，谷物可增加到100克，鸡蛋1个，水果40克，蔬菜40克，肉类30克。这个月开始添加软固体食物，可尝试添加固体食物。家长要注意培养宝宝按顿吃饭的习惯。

奶和辅食并重

随着宝宝月龄的增加，奶的摄入量逐渐减少，但是，并不是说辅食可以完全取代奶类，此阶段奶和辅食并重。

营养搭配要合理

膳食搭配要合理，每顿食谱中都要有谷物、蔬菜、蛋或肉。如果搭配不当，会影响孩子的食欲。例如，如果肉、蛋、奶类食物吃多了，会因为这些食物富含脂肪和蛋白质，延长了胃的排空时间，到了吃饭时间，宝宝却没有食欲。

食物要多样化

这个月的宝宝几乎能吃所有的食物了，妈妈要注意食物的多样化，每天的食物种类至少达到8种。例如，谷物2种，蔬菜2种，水果1种，蛋和肉2种，奶1种。水果切成小块或薄皮，让宝宝自己拿着吃。肉类食物和绿叶蔬菜需要剁碎、煮烂。谷物类食物可以吃软米饭、馒头、包子、饺子等。

尝试多种口味的食物

要给宝宝准备多种口味的食物，促进宝宝的食欲。在宝宝原来喜欢的食物中加入新食物，数量和种类都慢慢增加，这样宝宝就不易挑食。

最好的饮料是白开水

许多父母将饮料或纯净水作为宝宝的日常饮用水，这种做法是不科学的。因为饮料中的添加剂、防腐剂对宝宝的身体有损害，纯净水中缺少矿物质，天长日久，会对宝宝的生长发育造成一定的影响。其实，最好的饮料就是白开水，但要注意不能饮用多次煮沸的开水。

烹饪以蒸、煮、炖为主

给宝宝做辅食应该以蒸、煮、炖为主，少量炒菜，不吃油炸、烧烤、腌制的食物。力求少盐、少油、少调料。

豆制品添加需要注意

豆制品含有丰富的蛋白质，属于植物蛋白，食用过多会引起胃腹胀满，产气增多，食欲下降。所以，宝宝不宜过多食用豆制品。

高蛋白食物不能替代谷类食物

为了让宝宝吃更多的蛋类、肉类和奶，不给宝宝吃谷物类食物的做法是错误的。宝宝需要热量维持运动，谷物类食物是提供热量的主要食物来源，且谷物能直接提供宝宝所必需的热量。而蛋、奶、肉是高蛋白食物，其热量转换需要肝脏的参与才能完成，这一过程增加了肝脏的负担。所以，高蛋白食物不能代替谷类食物。

让宝宝咀嚼固体食物有好处

吃固体食物最能锻炼宝宝的咀嚼能力，还有利于牙齿的萌出，所以，妈妈不要总担心孩子会噎着、呛着。宝宝的学习能力很强，给他（她）尝试的机会，很快就可以顺利地吃固体食物了。

怎样养成良好的进餐习惯

要想宝宝养成良好的进餐习惯，需要从以下两个方面下功夫。

进餐时间要有规律

做到定时进餐，长期坚持下去，就能养成定时进餐的好习惯。

食物要色、香、味俱全

只有做的食物色、香、味俱全，软烂适宜，才能激发宝宝对食物的兴趣。

第九章　辅食添加第 4 阶段：11～12 个月

什么是真正的厌食

厌食是指较长时间的食欲降低或消失，具体来说，表现在以下两个方面：

● 食量减少至原来的 1/3 或 1/2，且持续时间达两周以上。

● 不能摄入每天所需的营养素，阻碍了孩子的生长发育。

临床研究表明，由于疾病引起的厌食比例非常低，大部分的厌食都是由不良的饮食习惯和喂养方式引起的。

一般来说，孩子偶尔不爱吃饭，短时间食欲不佳或食欲不振不是真正的厌食。

应对厌食的策略

不要一味地迁就

如果孩子常常边吃边玩，就会严重影响孩子的食欲。家长要学会培养孩子良好的进食习惯，比如按时进餐，坚持一段时间后，孩子到了吃饭时间就产生条件反射，胃液增加，食欲增强，吃饭就有兴趣了。

饭前不吃零食

如果妈妈不限制孩子吃零食，到了吃饭的时间，孩子的饥饿感就不强烈，吃饭的时候，自然就没什么胃口。建议饭前两小时不要给孩子吃零食。

控制冷饮和甜食

几乎所有的孩子都喜欢冷饮和甜食，但是，这两类食物都对食欲有影响。冷饮可降低消化道功能，影响消化液的分泌，从而损伤肠胃。甜食吃多了也伤胃。所以，宝宝应该减少吃冷饮和甜食。

美味辅食做起来

香蕉粥

● 食材

香蕉 50 克，奶粉 30 克。

● 制作

（1）将香蕉压成泥放入锅中，加清水煮，边煮边搅拌，煮成香蕉粥。

（2）奶粉冲调好，待香蕉粥微凉后倒入，搅拌均匀即可。

● 功效

香蕉中含有丰富的钾、镁、维生素和糖分，蛋白质含量也很高。此粥不仅是很好的强身健脑辅食，也是便秘宝宝的最佳食物。

蛋花豆腐羹

● 食材

鸡蛋黄 1 个，豆腐 20 克，骨汤 150 克。

● 制作

蛋黄打散，豆腐捣碎。骨汤煮开后放入豆腐，小火煮熟，并散入蛋花。

● 功效

该辅食可为宝宝提供维生素 A、维生素 E 及丰富的钙、铁等营养成分。

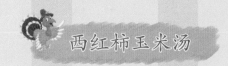

西红柿玉米汤

● 食材

玉米粒 200 克，西红柿 2 个，骨头汤适量。

● 制作

（1）西红柿清洗干净，用热水烫去外皮，切成丁。

（2）在锅中倒入适量骨头汤，煮沸，放入玉米粒和西红柿丁，煮 5 分钟即可。

● 功效

西红柿含有丰富的苹果酸、柠檬酸、番茄红素等成分，可刺激宝宝的食欲，促进胃酸分泌，帮助消化，增强胃肠的吸收功能。玉米是世界公认的"黄金作物"，因为其含有丰富的纤维素，而纤维素能够加速肠蠕动，降低胆固醇吸收，并且玉米中还含有大量镁，可促进机体废物的排泄。

　　婴幼儿时期辅食的添加，实际上是帮助宝宝从乳类喂养到成人饮食的过渡，所以每个阶段的辅食添加也不同。1岁以上的宝宝对营养素的需求仍很大，根据宝宝的生理特点，此阶段的饮食应该由原来的以奶水或奶制品为主逐渐向以粮食、蔬菜、水果、鱼肉为主的混合饮食过渡，当然，要注意循序渐进。随着宝宝的日渐长大，大部分的食物都可以吃了，但由于宝宝的咀嚼功能还不够发达，对食物的质地和硬度依然有一定的要求。如食物的硬度要适中，食物的体积不宜过大等，所以，单独为宝宝制作辅食还需要持续一段时间。与此同时，要注意控制宝宝的进餐时间和进餐行为，以培养宝宝良好的饮食习惯。

1岁宝宝处在模仿能力形成期。这时宝宝可以跟在妈妈后边，一边模仿，一边活动，多做一做模仿动作，多练习说话。要注意多与其他小朋友交往，这样可以形成亲密的人际关系，也能促进语言交往能力的发展。

此阶段宝宝吃、睡、便已经规律化，这是孩子的中枢神经系统发育成熟的表现。在这个时期，要训练宝宝学会用语言表达吃、睡、便的要求，学会用杯子喝水，会用勺子，会自己用手拿东西吃，会自己小便，并能控制大便。

此时宝宝对脱鞋袜很感兴趣，在睡觉前，可以把这件事当作游戏教宝宝。开始时，先帮助宝宝解开鞋带，让宝宝自己动手把鞋从脚上拉下来。这样比较容易成功，会让宝宝产生信心，从而愉快地配合做这件事。

　　1～2岁的幼儿，几乎能吃所有种类的食物，但比例与成人不同。从多到少依次排序是乳类、谷物、蔬菜和水果、蛋肉、油脂。而成人从多到少依次排序是谷物、蔬菜和水果、蛋肉、奶类、油脂。

　　为此，妈妈为宝宝提供食物时，就要全面兼顾，合理搭配膳食，保证食物的多样性和营养的均衡。只要膳食结构合理，就不需要额外补充营养素。因为营养素药剂或营养补充剂永远都比不上天然食物的营养价值。

向成人饮食过渡，不代表断奶

　　1岁以后，宝宝将结束以乳类为主食的时期，逐步向成人饮食过渡，但这并不意味着断奶。通常情况下，母乳可喂养到2岁，配方奶可喂养到3岁。

本阶段辅食安排

　　奶量和辅食的量比例为2∶8。辅食每天3次，接近一日三餐。

　　每天吃单一食品15种以上。谷物可增加到110克，蔬菜和水果各50克，鸡蛋1个，肉类可增加到40克，水每天500毫升。

　　每天保证谷物2种以上，蔬菜2种以上，水果2种，蛋1种，肉1种，奶1种，豆制品1种。每周至少添加1次动物肝或动物血。

　　从这个月龄开始，宝宝基本可以吃所有食物了。养成整顿进餐、固定地点和时间进餐的习惯，每次进餐时间半小时左右。宝宝的饮食原则是不吃辛辣，少吃寒凉，不加调料，不加食盐，肉食可加少许盐。

少吃多餐

宝宝的胃很小，仅3次正餐无法满足机体需求，所以，少吃多餐非常必要。可以在上午和下午各增加一次餐点，在种类上要注意搭配得当。

饮食多样化

每种食物所含的营养素不同，科学研究表明，没有任何一种天然食物能包含机体所需要的全部营养素。因此，保证宝宝食物的品种尽可能多样化，使各种营养素和热量数量充足，搭配得当，才能保证宝宝的身体健康。

拒绝膨化食品

很多宝宝都喜欢吃膨化食品，但是，喜欢吃并不代表营养价值高，相反，有些膨化食品含铅量超标，如果宝宝经常吃这种食品，可能会导致铅中毒。

不吃汤泡饭

为了进一步强化宝宝的消化吸收功能和咀嚼能力，不要用馒头泡汤和米饭泡汤的方式喂宝宝吃，因为泡软的食物不能刺激口腔分泌唾液充分分解食物，也不能锻炼宝宝的咀嚼能力，所以，汤泡饭的做法不可取。

孩子吃饭时可以看电视吗

许多家长在给孩子喂饭时会打开电视，让孩子一边看电视一边吃饭，认为这样孩子会好喂一些。事实果真如此吗？

对于成长发育中的孩子，吃饭是一件需要专心的事情。因为吃饭的过程不仅是将营养素吃进去，还要让营养素的吸收达到最佳状况，过度的精力分散不利于胃肠的正常蠕动、消化液的分泌。

另外，进食虽是本能，吃饭却是个需要学习的事情，因为吃饭已经不是单纯的摄入营养素的过程，还是一个要学会咀嚼、学会使用餐具、学会享受美味、学会餐桌礼仪的过程。因此，当孩子还处在学习吃饭的时期，最好帮他培养专心进餐的习惯。

胖宝宝就一定健康吗

胖宝宝惹人喜爱，长得比较高大，因此，人们常认为胖宝宝比一般宝宝更健康。显然，这种认识是片面的。

肥胖常给宝宝带来一系列的健康问题。严重的肥胖会影响呼吸，使二氧化碳在体内潴留，所以，胖宝宝喜欢睡觉，易呼吸困难、缺氧，二氧化碳潴留会使宝宝心肺功能不全，甚至引起猝死。肥胖还会影响内分泌功能，引起性早熟，还会使皮肤的褶皱加深，容易造成皮肤溃烂。

研究发现，小时候肥胖的孩子长大后也会肥胖，成年后很容易患高血压、高血脂、冠心病等疾病。

宝宝偏食或挑食要注意补充营养

如果宝宝出现偏食或挑食的情况，要注意营养补充。具体来说，可以按照以下方法来处理。

● 如果宝宝不喜欢吃谷物，可适当增加乳类、薯类食物，以保证热量供应。

● 如果宝宝不喜欢吃乳类食物，可适当增加蛋肉类食物，以补充蛋白质的不足。

● 如果宝宝不喜欢吃蛋肉类食物，可适当增加乳类食物，以保证蛋白质的摄入量。

● 如果宝宝不喜欢吃蔬菜，可适当增加水果的摄入量，以补充维生素和纤维素。

● 如果宝宝不喜欢吃水果，可适当增加接近水果的蔬菜，如西红柿等。

保护乳牙很重要

1岁后，宝宝已经能吃很多东西了，喂食时也会省心很多。但仍要注意，因为宝宝的乳牙还没有长全，不能吃太硬的东西。

此阶段可选择长1～2厘米、毛柔软的牙刷，早晚给宝宝刷去牙齿上的污物。如果宝宝不习惯，在睡觉前刷一次也可以。吃甜食后，记得让宝宝喝点温白开水，可清洁牙齿。

宝宝为什么会磨牙

宝宝磨牙是多种原因引起的，如果孩子偶尔发生一两次夜间磨牙，不会影响健康，家长不用担心，也不需要处理。如果孩子天天晚上都有牙齿磨动的现象，父母首先要找到原因，然后采取有针对性的策略。

兴奋过度

有的孩子在睡前看电视时间过长，一些紧张离奇的情节深深地印在脑海里；也有的孩子睡前听了惊险故事或打闹过甚，使大脑过于兴奋，睡觉后大脑仍保持在兴奋状态，就会出现磨牙现象。

应对策略：避免孩子出现紧张焦虑情绪或者白天玩得过于兴奋。

寄生虫

蛔虫最喜欢在孩子睡着后在肠子里活动，并且分泌多种毒素。毒素刺激肠道，加快肠道蠕动，引起消化不良，脐周疼痛，睡眠不安；如果毒素刺激神经，致使神经兴奋，就会导致磨牙。同样，蛲虫也会分泌毒素，并引起肛门瘙痒，影响孩子睡眠并发出磨牙声音。

应对策略：有寄生虫的孩子要进行驱虫治疗。

晚餐过饱

有的孩子晚饭吃得过多或睡前加餐，以致入睡时胃肠道还存有许多食物，消化系统不得不加强活动，促进消化。此时，咀嚼肌也被动员参加运动，从而引起磨牙。

应对策略：宝宝晚上睡觉前，不要过多地加餐进食。

咬合障碍

牙齿排列不整齐，生长位置异常，就会破坏咀嚼器官的协调关系。于是，机体便试图以增加牙齿的磨动来去除咬合障碍，从而出现磨牙现象。

应对策略：请口腔科医生仔细检查有无牙齿咬合不良，如果有，需磨去牙齿的高点，并配制牙垫，晚上戴上后会减少磨牙。

什么时候换奶最合适

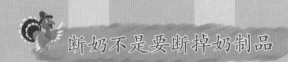

其实，从父母给孩子添加辅食那天起，就意味着在给宝宝做换奶的准备工作。换奶就是人们常说的断母乳。那么，什么时候断掉母乳最合适呢？

一般来说，如果不影响宝宝对其他饮食的摄入，妈妈还有奶水，母乳喂养可以延续到两岁。所以，妈妈要根据自己奶水的情况，以及宝宝是否喜欢吃母乳等，综合分析，做出决定。

断奶不是要断掉奶制品

断奶并不意味着不喝配方奶了，而是把母乳换成配方奶。专家建议，乳类食物需要一直喝下去，即使过渡到正常饮食，两岁以内的宝宝每天也要喝 300 ~ 500 毫升奶。

断奶要循序渐进

给宝宝在断母乳之前，妈妈要逐渐减少喂母乳的次数，从 1 天吃 3 次母乳，减少到 1 天 2 次、1 天 1 次，这个过程要循序渐进，让宝宝有一个适应的过程。妈妈千万不可心急，采用抹辣椒、贴胶布等极端手法，那样可能会给宝宝造成恐惧心理。

断奶前后做好宝宝的饮食准备工作

断奶与辅食添加平行进行

不是因为断奶才开始吃辅食，而是在断奶前辅食已经吃得很好了，所以断奶前后辅食添加并没有明显变化，断奶也不该影响宝宝的正常辅食。

三餐与大人一起吃

可以尝试让宝宝每日三餐都和大人一起吃，三餐之间加两次母乳或配方奶。除此之外，根据宝宝的食量，可以分别增加两次点心和水果。如果时间不允许，可以把水果放在三餐主食之后。

注意辅食的合理搭配

一道辅食至少由以下几部分组成：主食、高蛋白食物、果蔬和提供热量的食物，当这几种食材按照科学的比例一起食用后，就能保证孩子饮食的营养均衡。

另外，还应注重色彩的搭配，这样孩子才会有食欲。同时，还要注意食物的软硬度要合适，辅食中尽量不放调味品、少放盐等。

断奶不要伤及宝宝的感情

断奶不仅是妈妈的事，更多的是宝宝的事。对于宝宝来说，断母乳不仅是不让吃妈妈的乳头了，还有与妈妈分离的感觉，这让宝宝感情上不能接受。所以，在断奶期间，宝宝会有不安的情绪，妈妈要格外关心和照顾，多花些时间陪伴宝宝。

断奶时谨防乳腺炎

在断母乳过程中，容易发生乳腺炎，如果采取突然断母乳的方式，而此时妈妈的乳汁还很多，可能会引起乳汁淤积，乳汁淤积是乳腺炎的诱发因素之一。所以，在断母乳期间，最好不要采取突然让宝宝停止吮吸的方式。

断母乳期间，如果感觉奶涨，要定时用吸奶器吸奶；如果乳汁较多，要吃回乳药物；如果感到乳房有胀痛感，要及时看医生。

宝宝不宜过多食用冷饮

婴幼儿喜欢吃冷饮，但冷饮的含糖量高，糖在代谢过程中消耗大量的维生素，可导致儿童体内维生素缺乏，使唾液、消化液分泌减少，造成食欲减退，影响正常的饮食。为了孩子的健康和机体的正常发育，应适当地限制小儿过量饮用清凉饮料。

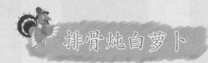

排骨炖白萝卜

● 食材

排骨200克，白萝卜100克，盐适量。

● 制作

（1）排骨剁成小块，放入锅中用开水焯一下，捞出后用凉水冲洗干净，重新放入开水锅中，用中火炖90分钟，捞出，去掉骨头。

（2）白萝卜洗净，去皮，切条，用开水焯一下，去生味。

（3）锅内的排骨汤继续烧开，放入去骨排骨和萝卜条，炖15分钟，待肉烂、萝卜软即可。

● 功效

排骨富含蛋白质、脂肪、维生素，还含有大量磷酸钙、骨胶原等，有助于宝宝补钙。白萝卜含有丰富的维生素C和微量元素锌，有助于增强机体的免疫功能，提高抗病能力。

第十章 辅食添加第4阶段：12～18个月

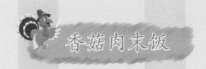

香菇肉末饭

● 食材

香菇1个，瘦肉末、米饭各30克，紫菜少许，肉汤适量。

● 制作

（1）香菇洗干净切碎，紫菜撕成小块备用。

（2）肉汤入锅，烧开后放入瘦肉末，煮至八成熟，再放入米饭、香菇。

（3）米饭煮软后，撒上紫菜，紫菜变软后即可出锅。

● 功效

香菇含有丰富的维生素D及人体所必需的多种氨基酸，活性高，易被人体吸收。

虾皮鸡蛋羹

● 食材

鸡蛋1个，虾皮适量。

● 制作

（1）虾皮洗干净，用热水烫一下，挤干水分，备用。

（2）蛋液加温开水打匀，倒入炖盅中，加入虾皮。盖上盖，上锅中火蒸15分钟。蒸好的鸡蛋羹中加点醋和香油即可。

● 功效

虾皮富含钙，是非常好的补钙食品。鸡蛋富含蛋白质、脂肪、维生素和钙、铁、钾等微量元素，有补脑的作用。